U0137964

湿地中国科普丛书
POPULAR SCIENCE SERIES OF WETLANDS IN CHINA

中国生态学学会科普工作委员会　组织编写

人地和谐
农业湿地

Harmony between Land and Human Beings
— Agricultural Wetlands

闵庆文　主编

中国林业出版社

图书在版编目（CIP）数据

人地和谐——农业湿地 / 中国生态学学会科普工作
委员会组织编写；闵庆文主编. -- 北京：中国林业出
版社，2022.10
（湿地中国科普丛书）
ISBN 978-7-5219-1902-8

Ⅰ. ①人… Ⅱ. ①中… ②闵… Ⅲ. ①农业—沼泽化
地—中国—普及读物 Ⅳ. ①P942.078-49

中国版本图书馆CIP数据核字(2022)第185506号

出 版 人：成　吉
总 策 划：成　吉　王佳会
策　　划：杨长峰　肖　静
责任编辑：肖　静　刘　煜
宣传营销：张　东　王思明　李思尧

出版　中国林业出版社（100009　北京市西城区刘海胡同 7 号）
　　　　http://www.forestry.gov.cn/lycb.html　　电话：（010）83143577
印刷　北京雅昌艺术印刷有限公司
版次　2022 年 10 月第 1 版
印次　2022 年 10 月第 1 次
开本　710mm×1000mm　1/16
印张　14
字数　157 千字
定价　60.00 元

《人地和谐——农业湿地》
编辑委员会

序言

　　湿地是重要的自然资源，更具有重要生态系统服务功能，被誉为"地球之肾"和"天然物种基因库"。其生态系统服务功能至少包括这样几个方面：涵养水源调节径流、降解污染净化水质、保护生物多样性、提供生态物质产品、传承湿地生态文化。同时，湿地土壤和泥炭还是陆地上重要的有机碳库，在稳定全球气候变化中具有重要意义。因此，健康的湿地生态系统，是国家生态安全体系的重要组成部分，也是实现经济与社会可持续发展的重要基础。

　　我国地域辽阔、地貌复杂、气候多样，为各种生态系统的形成和发展创造了有利的条件。2021年8月自然资源部公布的第三次全国国土调查主要数据成果显示，我国各类湿地（包括湿地地类、水田、盐田、水域）总面积8606.07万公顷。按照《关于特别是作为水禽栖息地的国际重要湿地公约》（简称《湿地公约》）对湿地类型的划分，31类天然湿地和9类人工湿地在我国均有分布。

　　我国政府高度重视湿地的保护与合理利用。自1992年加入《湿地公约》以来，我国一直将湿地保护与合理利用作为可持续发展总目标下的优先行动之一，与其他缔约国共同推动了湿地保护。仅在"十三五"期间，我国就累计安排中央投资98.7亿元，实施湿地生态效益补偿补助、退耕还湿、湿地保护与恢复补助项目2000余个，修复退化湿地面积700多万亩①，新增湿地面积300多万亩，2021年又新增和修复湿地109万亩。截至目前，我国有64处湿地被列入《国际重要湿地名录》，先后发布国家重要湿地29处、省级重要湿地1001处，建立了湿地自然保护区602处、湿地公园1600余处，还有13座城市获得"国际湿地城市"称号。重要湿地和湿地公园已成为人民群众共享的绿色空间，重要湿地保护和湿地公园建设已成为"绿水青山就是金

---

① 1亩＝1/15公顷。以下同。

山银山"理念的生动实践。2022年6月1日起正式实施的《中华人民共和国湿地保护法》意味着我国湿地保护工作全面进入法治化轨道。

要落实好习近平总书记关于"湿地开发要以生态保护为主，原生态是旅游的资本，发展旅游不能以牺牲环境为代价，要让湿地公园成为人民群众共享的绿意空间"的指示精神，需要全社会的共同努力，加强湿地科普宣传无疑是其中一项重要工作。

非常高兴地看到，在《湿地公约》第十四届缔约方大会（COP14）召开之际，中国林业出版社策划、中国生态学学会科普工作委员会组织编写了"湿地中国科普丛书"。这套丛书内容丰富，既包括沼泽、滨海、湖泊、河流等各类天然湿地，也包括城市与农业等人工湿地；既有湿地植物和湿地鸟类这些人们较为关注的湿地生物，也有湿地自然教育这种充分发挥湿地社会功能的内容；既以科学原理和科学事实为基础保障科学性，又重视图文并茂与典型案例增强可读性。

相信本套丛书的出版，可以让更多人了解、关注我们身边的湿地，爱上我们身边的湿地，并因爱而行动，共同参与到湿地生态保护的行动中，实现人与自然的和谐共生。

中国工程院院士
中国生态学学会原理事长
2022 年 10 月 14 日

前言

  无论是森林、草原、湿地、荒漠四大自然生态系统，还是湿地、海洋和森林三大地球生态系统，都足以说明湿地的重要性。享有"地球之肾"美誉的湿地是珍贵的自然资源，也是重要的生态系统，这已为人们所熟知。但一个不容忽视的事实是，在谈到湿地时，人们似乎更加重视"天然湿地"而不太关注"人工湿地"，而对于"农业湿地"则更是有意或无意地忽视。

  湿地具有不可替代的多种服务功能，如保护生物多样性、调节径流、净化水质、调节气候、提供食物与工业原料、提供景观服务等，天然湿地是如此，农业湿地也是如此。例如，吸引着越来越多人前去考察、观光、研学的云南红河哈尼梯田，不仅是世界文化遗产、全球重要农业文化遗产，还是国家湿地公园、"绿水青山就是金山银山"实践创新基地；不仅有壮观的梯田、浓郁的民族文化，还有国家一级保护野生植物桫椤以及董棕、藤竹、番龙眼等珍稀野生植物和猫头鹰等上百种野生动物。在2021年10月11日至15日于昆明召开的《生物多样性公约》第十五次缔约方大会（COP15）第一阶段会议期间，"红河哈尼梯田复合生态系统"的展示区格外引人注目也就不足为奇了。

  当前，农业生态系统服务功能研究已成为农业生态学研究的热点问题之一，其中的一些重要领域就有关于稻田、稻作梯田、稻渔共生、桑基鱼塘、垛田、圩田以及库塘、盐田等湿地的结构、功能与可持续发展研究。但不可否认的是，关于农业湿地的科普读物目前很少，其经济、社会、文化、生态、科技等方面价值远没有为社会公众所认识。

  本书在较为全面介绍农业湿地的概念、类型和生态系统服务功能基础上，重点以案例形式阐释了稻田、稻渔、梯田、圩田、水利、盐田等典型农业湿地的形成、功能与存在的问题。这些特殊的湿地形态，或者是人类通过对天然湿地的合理利用所形成的，或者是为防御自然灾害所建造的；既关乎食物与生计安全，又关乎生态保护与文化传承。

本书尝试从科普角度对农业湿地进行较为全面的介绍，目的在于消除人们对于这一特殊湿地类型的偏见，并希冀给予更多的关注。希望读者能通过本书认识到，农业湿地不仅关乎人类的生存与发展，还凝聚着人类适应自然、改造自然的智慧。

限于水平有限，书中难免有不当甚至谬误之处，祈望读者批评指正！

本书编辑委员会
2022 年 5 月

目录

（闵庆文/摄）

　　天然湿地是重要的自然资源，也是与森林、草原、海洋并列的自然生态系统。但严格来说，湿地除了天然湿地以外，还有人工湿地。人工湿地同样发挥着重要的生态系统服务功能。而在人工湿地中，农业湿地则往往因为其重要的生产功能而被人们所忽视。本章简要介绍了湿地、人工湿地与农业湿地的概念，农业湿地的形成以及其多重身份。

易被忽视的农业湿地

湿地、人工湿地与农业湿地

让我们来看看几个关于湿地的定义。

1971年2月2日，18个国家的代表在伊朗拉姆萨尔签署的《关于特别是作为水禽栖息地的国际重要湿地公约》（以下简称《湿地公约》），将湿地定义为"系指不问其为天然或人工、长久或暂时性的沼泽地、泥炭地或水域地带，带有静止或流动的淡水、半咸水或咸水水体，包括低潮时水深不超过六米的水域。"显然，只要是地表经常积水，不问其为天然的还是人工的，只要有生长湿地生物的地区都属于湿地。

按照此公约的分类，人工湿地包括10类：水产池塘（例如，鱼、虾养殖池塘），水塘（包括农用池塘、储水池塘，一般面积小于8公顷），灌溉地（包括灌溉渠系和稻田），农用泛洪湿地（季节性泛滥的农用地，包括集约管理或放牧的草地），盐田（晒盐池、采盐场等），蓄水区（水库、拦河坝、堤坝形成的一般大于8公顷的储水区），采掘区（积水取土坑、采矿地），废水处理场所（污水场、处理池、氧化池等），运河、排水渠（输水渠系），地下输水系统（人工管护的岩溶洞穴水系等）。

2021年12月24日由中华人民共和国第十三届全国人民代表大会常务委员会第三十二次会议通过，2022年6月1日起施行的《中华人民共和国湿地保护法》则称，"本法所称湿地，是指具有显著生态功能的自然或者人工的、常年或者季节性积水地带、水域，包括低潮时水深不超过六米的海域，但是水田以及用于养殖的人工的水域和滩涂除外。"显然，该法所定义的人工湿地并不包括"水田以及用于养殖的人工的水域和滩涂"。

位于北京海淀公园的稻田（闵庆文/摄）

　　但是，在《GB/T24708-2009 湿地分类》中，人工湿地属于广义的湿地。2014年1月13日国务院新闻办公室举行的第二次全国湿地资源调查结果新闻发布会上，国家林业局（现国家林业和草原局）副局长张永利介绍了全国湿地资源的分类和分布情况。根据《湿地公约》定义，该次调查将湿地分为5类，其中，近海与海岸湿地579.59万公顷，河流湿地1055.21万公顷，湖泊湿地859.38万公顷，沼泽湿地2173.29万公顷，人工湿地674.59万公顷。显然，这次全国湿地资源调查中，包含了"人工湿地"。而且，按照中国湿地资源普查所确定的分类体系，人工湿地包括了库塘、运河与输水河、水产养殖场、稻田与冬水田、盐田等。

　　看到湖泊、河流、沼泽等，人们自然会想到它们属于

"湿地"，而对于稻田、鱼塘、盐田，多数人的第一反应是其仅为农业生产的场所。那么它们是不是属于具有生态功能而需要保护的湿地呢？

湿地与农业的关系密切。按照农业部（现农业农村部）于2016年12月30日发布的《农业资源与生态环境保护工程规划（2016—2020年）》给出的定义，"农业湿地主要指处于地表为浅水长期或季节性覆盖，具有提供生物产品及为维持和提高生物产品生产能力服务，水生野生动植物保护及生物多样性生态功能的一类湿地。"世界湿地日的活动主题中，2007年的主题为"湿地与鱼类"，2014年的主题为"湿地与农业"。

利用湿地发展农业，为湿地农业。而利用农业生产活动创造或对于天然湿地改造而形成的湿地，则可称为农业湿地。前述的《湿地公约》和《GB/T 24708-2009 湿地分类》及中国湿地资源调查中，就列出了一些农业湿地类型。

考虑到目前人工湿地中，城市湿地、湿地城市以及净污湿地等小微湿地建设较快，在"湿地中国科普丛书"中将单列《楼宇秘境——城市湿地》一册，本册将重点放在人工湿地的农业湿地方面。

农业湿地的形成

农业湿地的形成一般有以下三种情况。

一是为农业生产所利用的湿地。用于农、林、牧、渔业生产的湿地均属于这一类型，稻田无疑是其中的典型代表。水稻是我国南方及东南亚地区最重要的粮食作物，养活了世界上一半以上的人口。水稻生长的场所就是稻田。稻田是一个复杂的生态系统，也是人工湿地的重要类型之一，由生物组分和非生物环境组分通过物质循环、能量流动、信息传递三大生态学过程，实现着稻田生态系统的物质生产与分解、能量存在形态的转换、稻田生态系统服务等。

农业生态系统的目标是最大程度地获取优质产品以满足人口不断增长的需要，因而其生物多样性的组分和功能与自然生态系统的有所不同。农业生态系统的物种可分为生产性生物种（如农作物、林木、饲养动物等，其多样性对系统的生产力、稳定性起重要作用）、资源性生物种（如传粉昆虫、害虫天敌、微生物等，其多样性对系统内的传粉作用、害虫生物控制、资源分解、促进养分循环有着重要的作用，从而间接影响系统的稳定性和生产力）及破坏性生物种（如杂草、害虫、病原生物等，这些生物种影响系统生产力，是被控制的对象）。

稻田就是一个复杂的农业生态系统，它包括田间区域和边界区域。田间区域以农业生产为主，受到经营者的强度调控和干扰；边界区域是维持传统农业生态系统稳定性的保障区域，以生物多样性保育和防止水土流失为主要生态功能，不像田间区域那样受到人类的强度调控，但在现代化的农事操作中可能受到喷洒除草剂等影响。在传统的水稻栽培体系中，稻田的栽培对象——水稻是最重要的目标生物。在最近十多年里日益昌隆的稻渔复合生态种养系统中，除了水稻之外，生活在稻田里的水生生物，也是经营者关注的重要对象。

不仅如此，人们在稻田里还有很多的创造。在我国南方山丘区稻作区域，稻渔复合生态种养系统是一种历史悠久的生态农业实践模式，分布广泛，形式大同小异。以稻鱼共生为例，几乎在长江以南的广大稻作区，如陕西汉中、四川盆地、云贵坝地、广东和广西山地、湘赣山丘，以及在浙闽交界，都有相关的史料记载或者流传着与稻鱼共生系统有关的各种传说，稻鱼共生的实践存在于各种背景下的稻作系统中，以远离沿海和江河湖泊、缺少足够水面的山丘区最为常见，成为补充山区人民日常动物蛋白质的最常见途径。

除传统的稻鱼共生系统外，稻渔复合生态种养系统目前至少包括稻鲤、稻鳖、稻蟹、稻鳅、稻螺，以及火遍大半个中国的稻-小龙虾等模式。这些稻渔模式中，稻鲤和稻小龙虾为面积最大的类型，两种类型面积合计超过了中国稻渔综合种养系统总面积3800万亩的90%以上。

另外一种为农业生产所利用的湿地是盐田。盐为人类生活所必需，并一度成为战略性物资。盐业生产属于大农业的范畴。无论是海盐，还是湖盐、井盐等的生产，其生产场地都成为一种特殊的农业湿地类型，即盐场（或盐田）湿地。

二是为农业生产所改造的湿地，即出于生产和生活的目的对天然湿地进行改造。中国南方多低洼湿地，易淤积泥沙，长年累月将导致河床抬高，易发洪涝。与湖争地是南方先民的世代功课，在长期的生产实践中，滨湖低地的

江苏兴化垛田（闵庆文/摄）

先民们发现可以通过将水下的泥沙翻至水上，垒成水上高地，在高地上进行农作物种植，在水中进行渔业养殖，形成了诸如桑基鱼塘、圩田、垛田、堤垸等多种土地利用方式（可统称为圩田湿地），不仅依然保持了原来湿地的生态功能，而且可以通过农林牧渔业生产活动，满足当地居民生产和生活的需要。

另一种情况是为了农业生产的稳定和人们生活的安全进行一些大型水利工程建设，如在易发洪涝灾害的地方建设的堤坝工程，在易发干旱（或本就是干旱缺水地区）的地方建设的蓄水或引水工程。这些水利工程亦具有湿地生态特征，可称为水利湿地或水利工程湿地。

三是为农业生产而建造的湿地。除了将"1"改造成"2"的农业湿地，还有从"0"创造出"1"的农业湿地，即在非天然湿地的地区创造出的农业湿地，最典型的代表就是广泛分布于中国南方山区的稻作梯田。

在中国南方水源比较丰富的山地丘陵地区，在一座座连绵起伏的山坡上，却分布着规模宏大而历史悠久的水稻梯田农业湿地景观。这些水稻梯田通常从河谷一直分布到山顶，海拔高差近2000米；同时，梯田所在的山地受河流侵蚀严重，沟谷纵横，坡度大多在25度以上，最陡可达75度。

梯田类湿地是农业湿地中的一种特殊形式，是指在水资源丰富的山区，由人工开垦修筑成的梯级的稻田，一般采用高山来水自流灌溉。这些大坡度梯田湿地，是世居这些陡峭山区的当地民族，为满足不断增长的人口粮食需求，在悠久的千余年的水稻种植和土地开发利用过程中，充分利用当地的地形、河流水系和其他自然条件，创造性

云南红河哈尼梯田（闵庆文/摄）

地改变和适应不利条件而形成的。当地人不仅开挖了不计其数的梯田，修筑了发达的灌溉沟渠网络，保存了山顶附近的原始水源涵养林，还建构和形成了与这种生计模式相应的一整套文化体系，形成了林养田、田养人、人养地的人与环境协同发展的山地稻作梯田农业奇观。

这些梯田湿地是具有多种生态系统服务功能的景观。首先，它们是传统生产力条件下山区精耕细作农业的代表，具有很高的粮食产出功能；其次，这些梯田保留了从低海拔到高海拔的适应不同生长环境的水稻种质资源，是

活着的稻种基因宝库；第三，受山地地形限制和农户分散种植模式的影响，梯田区拥有大量具有高度异质性的半自然生境，成为区域内众多生物的家园，物种多样性丰富；第四，为了适应山区缺少上游来水保障的特点，分布在高海拔的梯田往往一年四季都保持一定深度的水面，从而具有调节当地水文和气候的功能；第五，独特的云雾梯田美景加上区域特有的少数民族文化，吸引了大量的游客，从而使这些梯田湿地具有了很高的生态系统文化服务功能。

因此，很多南方稻作梯田被冠以世界文化景观遗产、全球重要农业文化遗产、国家湿地公园等桂冠，成为人工湿地中的瑰宝，并且在生物多样性大会上被作为典型介绍，就不足为奇了。

农业湿地的多重身份

湿地公园建设是湿地保护中的一个重要途径。2004年，国务院办公厅印发的《关于加强湿地保护管理的通知》指出，在不具备条件划建自然保护区的区域，通过划建湿地公园等创新方式对湿地进行抢救性保护。按照国家林业局（现国家林业和草原局）于2017年12月27日发布的《国家湿地公园管理办法》，"国家湿地公园是指以保护湿地生态系统、合理利用湿地资源、开展湿地宣传教育和科学研究为目的，经国家林业局批准设立，按照有关规定予以保护和管理的特定区域。"

湿地公园分为国家级和地方级。国家湿地公园属于我国自然保护地体系中的自然公园范畴，是我国湿地保护修复的创新实践和重要抓手。2005年，我国启动国家湿地公园试点建设。经过十几年的发展，国家湿地公园通过"试点制""晋升制"等设立方式，现已遍布全国31个省（自治区、直辖市），总数达899处，约90%的国家湿地公园向公众免费开放。目前，全国各类湿地公园总数有1600余处，有效保护了240万公顷湿地，带动区域经济增长500多亿元，成为人民群众共享的绿色空间和"绿水青山就是金山银山"理念的生动实践。值得注意的是，在国家湿地公园中有一些典型的农业湿地，例如，2013年通过验收的云南红河哈尼梯田国家湿地公园、2019年通过验收的浙江云和梯田国家湿地公园、2020年通过验收的广西龙胜龙脊梯田国家湿地公园、2021年验收通过的贵州从江加榜梯田国家湿地公园。

同时，有些农业湿地还是重要湿地。重要湿地也有国家重要湿地和地方重要湿地之分。国家重要湿地是指符合国家重要湿地确定指标，湿地生态功能和效益具有国家重要意义，按规定进行保护管理的特定区域。例如，被列为国家重要湿地的陕西洋县朱鹮栖息地，既是当地农民农业生产的场所，也是朱鹮的重要觅食地，其中，稻田占有相当比例。除了国家重要湿地外，各省也陆续将农业湿地确定为省级重要湿地。例如，浙江云和梯田、青田方山稻鱼共生系统就分别被列为浙江省重要湿地。

（执笔人：闵庆文）

易被忽视的农业湿地

（闵庆文/摄）

　　按照中国湿地资源普查所确定的分类体系，农业湿地属于人工湿地的范畴，主要包括了稻田与冬水田、库塘、水产养殖场、盐田等。本章简要介绍稻田湿地、水库湿地、池塘湿地、水产养殖场湿地、沟渠湿地、盐田湿地等的形成与特征。

形形色色的农业湿地

乡野里的先民智慧
——稻田湿地

这首《稻香》想必大家都耳熟能详，描述的正是在一片稻田的田埂上奔跑的景象。稻田给人的感觉永远是清新的、充盈的：脚下是泥土的芬芳，空气里有稻穗生长的生机劲儿，夜晚还有咕呱咕呱的青蛙叫声，一切都是最美好的模样。

大家知道稻田也是湿地的一种类型吗？说起湿地，你想到的是不是首先得有河、湖甚至是海一样的大水域，然后围绕它们周边的才是所谓的"湿地"？那你就大错特错啦。按照《湿地公约》中关于湿地的定义，稻田作为一种常年积水的田块，当然也就属于湿地了。但稻田湿地与江河、海洋、湖泊等天然湿地确实有所不同，它是一种典型的人工湿地，是人类与自然共同创造的产物。

水稻是人类重要的粮食作物之一，耕种与食用的历史都相当悠久。据江西万年仙人洞与吊桶环遗址、浙江上山遗址等发掘考证，早在一万年前那里的先民就已经开始种植水稻啦。在种植水稻之前，农民必须先将稻田中的土翻动几遍，使土壤松软，然后再进行插秧、除草除虫、施肥和灌排水等步骤。而这整个过程都离不开人工操作，一旦人的作用消失，稻田湿地就会很快退化，水稻也会被杂草和其他植物所取代。因而，稻田中的"人工属性"才格外突出。

水稻在我国的分布十分广泛，据统计，2020年中国水稻播种面积3007.6万公顷，从大兴安岭山麓至海南，从天山脚下至宝岛台湾，无处不有稻花香。稻田湿地的分布与之基本相同，其遍布全国，但主要集中在南方地区和东北地区。云南、广西、贵州、湖南、江西、广东、福建、浙江等地是水稻的广泛种植地区。除此之外，新疆西北部、陕西南部等地也有少量的分布。其中，江西万年稻作文化系统、北京海淀京西稻田、黑龙江宁安响水稻田、云南维西攀天阁稻田等都各有特色，堪称我国稻作农业文明的缩影。

山地稻作梯田也是一类重要的稻田湿地。我国南方多山地、少平原，为了在有限的土地中耕种粮食，古代先民们发挥自己的智慧，在丘陵山坡地上层层向上修筑条状台阶式的田地种植作物。在我们约20亿亩的总耕地面积中，超过四分之一都是梯田。我国著名的山地稻作梯田主要集中在南方地区，如云南红河哈尼梯田、广西龙胜龙脊梯田、湖南新化紫鹊界梯田、江西崇义客家梯田、贵州从江加榜梯田等，它们的壮美景象令人们叹为观止。

虽然稻田是一种农业湿地，但它也具有完整的湿地生

黑龙江宁安响水稻田公园（闵庆文/摄）

态系统，水稻、杂草还有一些藻类等是系统的生产者，蚂蚱、青蛙、蟾蜍等是稻田中的消费者，土壤或者水体中的细菌、真菌、蜣螂、蚯蚓等则属于分解者。说起生态系统，稻田的生态系统服务也是经过"认证"的，许多研究都证实了稻田具有污水净化、固碳释氧、抵御洪涝的能力。随着生态旅游的发展，稻田的景观与文化功能也日渐凸显，比如，近来越来越火爆流行的"稻田画""稻田迷宫""稻田研学"等蓬勃发展，稻田的文化旅游价值也在一些乡村日渐凸显。

除此之外，在中国的一些地区，还有将水稻和其他动物共生共养的传统技艺，如浙江青田稻鱼共生系统、贵州从江侗乡稻鱼鸭系统和江汉平原的稻虾共作系统等。在稻鱼共生系统中，水稻为鱼类提供庇荫和有机食物，鱼则发挥耕田除草、松土增肥、提供氧气、吞食害虫等功能，这种生态循环的稻鱼共生系统通过"鱼吃昆虫和杂草—鱼粪肥田"的方式，使系统自身维持正常的循环，保证了农田的生态平衡，增加了系统的生物多样性，解决了病虫害防治的问题，使生态系统呈现稳定态势，有效减少稻鱼病害。而这些先民智慧也已经被列入全球或中国重要农业文化遗产名录中，值得我们一直保护和传承下去。

（执笔人：白云霄、刘某承）

形形色色的农业湿地

钢筋水泥中的诗情画意
——水库湿地

湖水清平波浪无，楼船并进路航迁。岛中风景明如画，池上鸥飞甚款徐。四级梯型多发电，层堤水利用无余。古田巨坝完成好，运输灌溉又养鱼。

——朱德《和谢老〈泛舟古田水库〉原韵》

许多城市家庭用的自来水都来源于水库。水库是人工建造的这一点众所周知，但是大家会不会以为必须是人工挖出一个类似湖泊或者河流的水域才可以被称作水库？其实不然。水库的官方定义是这么说的："水库是拦洪蓄水和调节水流的水利工程建筑物，可以利用来灌溉、发电、防洪和养鱼。"通俗地讲，我们完全可以依托河川径流修建大坝，将其变成一个可以用于人类调节水流的水库。既然天然的河流和湖泊也可以是水库的一部分，那么水库必然会常年积水、生长湿地生物，并且许多水库的修建都与农业排洪与灌溉有关，还有一些水库还是重要的水产养殖场所，所以可以说水库也是一种典型的农业湿地类型。

水库湿地常常是在河道、山谷、低洼地及地下透水层修建挡水坝、堤堰或隔水墙从而形成蓄集水量的人工湖。

水库一般由挡水建筑物、泄水建筑物、输水建筑物三部分组成，这三部分通常称为水库的"三大件"。挡水建筑物用以拦截江河，形成水库或壅高水位，简单说就是挡水坝；泄水建筑物用以宣泄多余水量、排放泥沙和冰凌，或为人防、检修而放空水库等，以保证坝体和其他建筑物的安全；输水建筑物是为灌溉、发电和供水的需要，从上游向下游输水用的建筑物，有隧洞、渠道、渡槽、倒虹吸等。

按其所在位置和形成条件，通常将水库湿地分为山谷水库湿地、平原水库湿地和地下水库湿地三种类型。山谷水库湿地是用拦河坝截断河谷，拦截河川径流，抬高水位形成的水库湿地，绝大部分水库属于这一类型；平原水库湿地是在平原地区，利用天然湖泊、洼淀、河道，通过修筑围堤和控制闸等建筑物形成的水库湿地；地下水库湿地是由地下贮水层中的孔隙和天然的溶洞或通过修建地下隔水墙拦截地下水形成的水库湿地。水库湿地也可以按照库容大小分为小型、中型、大型等。

比起天然湿地，水库湿地的调节水资源、防洪蓄水和供水等生态系统服务功能更加强大。我国降雨分布不均，汛期水量迅猛。正是因为我们几十年来建立的水库，使得有20%的库容量可以用于汛期调节洪水，这些被称为防洪库容。通过防洪库容把较高的洪水拦截在水库中，以合适的水量往下放，从而保证了下游的河道堤防在安全范围内。剩下的库容量则大多用于供水。我国大中型水库湿地的年供水量达2700多亿立方米，约占总供水量的40%。

水库湿地不仅为当地的居民供应水源（例如，丹江口水库是我国南水北调中线的源头，丹江口水库湿地的水沿线供应至北方地区），而且，部分水库湿地也为我国农业灌溉立下了汗马功劳。我国有灌溉能力的耕地中，有三成都是依靠大中型水库控制灌溉，很多小型的水库也保障了农村人口的饮水安全和粮食安全。此外，水库湿地对周边的环境还有降温、增湿、净化空气等作用。许多水库湿地还是鸟类的栖息地与自然保护区，例如，因青铜峡水电站建设形成的青铜峡库区逐渐成为以鸟类保护为主的自然保护区，宁夏境内出现的300多种鸟类中，有213种都栖息于此。

截至2020年年底，中国已经建成各类水库湿地9.8

南水北调中线工程的源头——丹江口水库（白云霄/摄）

万多处，湖南、江西、广东、四川、湖北、云南和安徽等省份的水库湿地数量均超过了6000处（可见南方由于气候优势更有利于修建水库湿地），其中大家最耳熟能详的应该莫过于三峡水库了，除此之外还有龙滩水库、龙羊峡水库、新安江水库、丹江口水库、大七孔水库等。

湿地被誉为"地球之肺"，水库湿地也像天然湿地一样每天都在默默守护着我们，为我国带来显著的经济、社会和生态效益，成为人与自然和谐共生的典范。

（执笔人：白云霄、刘某承）

形形色色的农业湿地

左手生产 右手生态
——水产养殖场湿地

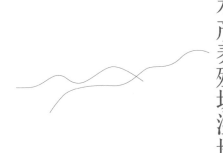

> 舍前舍后养鱼塘，溪北溪南打稻场。喜事一双黄蛱蝶，随人往来弄秋光。
>
> ——[宋]陆游《暮秋》

每到夏季，小龙虾成了我们餐桌上必不可少的一道美食，在你大快朵颐的时候，有没有想过这些小龙虾来自哪里？

小龙虾喜欢生活在水体较浅的地方，池塘就是十分合适的栖息地，为了满足日益增长的市场需求，人们挖掘建造了水产养殖池塘，用于大量生产小龙虾。这样人造的、用于养殖鱼虾等水产品的水产养殖场作为农业湿地的一种，在人类社会和自然环境中发挥着重要作用。

说起水产养殖场，比如鱼塘，我们首先想到的肯定是水、土和鱼，其实它的组成部分远比我们想象得丰富。一个水产养殖场，首先要有水、土壤、光照，这些要素共同为池塘里的动植物提供了必要的生存环境；其次，就是各种生物，水产品（如经济鱼和虾）肯定是最主要的，此外还会有藻类、微生物、浮游生物、水生植物等，这些生物和自然环境共同构成了一个水产养殖场的生态系统。在这个生态系统中，藻类、浮游植物和水生植物是生产者，它们利用光合作用吸收自然界中的能量并转化为池塘中动物们的食物；池塘里的动物们作为消费者，都直接或间接地以藻类和水生植物为食，关系大致就是"大鱼吃小鱼，小鱼吃虾米"；剩下的食物残骸和排泄物则会被池塘中的分解者——细菌、真菌等微生物分解，被自然环境吸收，然后生产者们再从自然环境中转化能量，周而复始，水产养殖场的生态系统就这样循环起来，生生不息。

当然，以上是理想状态。现实中，水产养殖场的生态系统很脆弱，相比于湖泊湿地、水库湿地，它能够参与生态循环的生物种类较少，一旦某一种生物出了问题，整个池塘生态就会被破坏，而导致这种问题出现的主要原因就是人工过度干预。比如，为了追求产量，人们往往向鱼塘里投入过量的饲料，使得过剩的饲料和鱼的排泄物增加，微生物分解这些"废弃物"时会消耗水中大量的氧，这会使得养殖鱼类缺氧死亡；或者为了防止病害，人为往鱼塘中加入大量消毒剂，把有害病菌消灭的同时也把扮演生产者、分解者角色的浮游植物、微生物统统杀死，导致光合作用减弱，水中含氧量不足，水质恶化，鱼类死亡；又或者因为长期不清理塘底淤泥，未能被分解的残留物在池底腐烂，滋生病菌，污染水质。此外，由于水产养殖场自净能力不足，为了保持水质良好，人们会定期给养殖场换水，将被污染的养殖尾水排入附近的河流湖泊，造成周围生态环境的破坏。

现在，人们已经意识到盲目追求产量、无视自然生态平衡的水产养殖方式正在危害着水产养殖业和我们赖以生

浙江湖州桑基鱼塘系统中的水产养殖塘（闵庆文/摄）

存的自然环境，所以，很多地方开始提倡水产养殖场生态
化改造，从传统的养殖模式转变为生态高效的养殖模式，
从只养殖单一品种的鱼或虾，变成鱼、虾、蟹、贝综合养
殖模式，丰富了水产养殖生态循环的参与者，在不同生物
共生互补原理的基础上，利用自然界物质循环来提高物质
利用率，既能减少不合理的人工干预和废物排放，还能保
证水产品的产量和质量，让水产养殖场变成相对稳定的、
可持续的绿色湿地生态系统。此外，水产养殖场作为湿地
的生态功能近年来也逐渐被人们所重视。

　　小龙虾虽火，但进入中国市场的时间不足百年，而我
国水产养殖已有数千年的历史，养殖池塘遍布全国，尤其

在长江中下游地区分布最为集中。在没有小龙虾的漫长岁月里，中国人的池塘里养殖着本土鱼或虾，也孕育了水乡人家和特色文化。例如，浙江湖州桑基鱼塘，相传始于战国时期，千年来延绵不息，鱼的养殖、烹饪以及和鱼相关的生活、文化已融入当地人的血肉中。湖州自2010年起举办鱼文化节，大力宣传桑基鱼塘和鱼桑文化，让游客在尝鱼菜、唱渔歌、跳鱼舞、放鱼灯等众多和鱼相关的活动中体会当地的特色文化。这就是水产养殖场湿地的文化服务功能。

（执笔人：梅艳）

穿山越地通达人间
——沟渠湿地

青山护村落，暗水通沟渠。人行禾黍间，漫漫迷所之。
里社压新醪，击鲜赛丛祠。田父相劳苦，雨旸无失时。龙
骨挂屋敖，秋熟可预期。行行度冈涧，泉石多幽奇。微风
发清籁，好鸟吟高枝。此中有佳趣，岂无幽人知。

——［宋］王炎《村行》

　　古代的王炎为我们描绘了一幅美丽的田园景观，也为
我们展示了乡间沟渠的奇妙功能。

　　江河湖泊如何灌溉农田、流于万户？崇山峻岭中村落
如何取水用水？林间、田野、乡村中那些毛细血管状的分
布如何支撑起不同类型生态系统的有序运转？沟渠湿地，
遍布于乡村与田野的不同场景，以水相连，发挥着许多意
想不到的作用。

　　与天然河流不同的是，沟和渠都是人工开凿的水道，
《说文解字》中有解"沟，水渎，广四尺，深四尺""渠，
水所居"。沟和渠可简单地理解为人工开凿的水道，主要
区别在其规模大小。至少在公元前6000年以前，长江流
域先民就挖凿浅沟以引河水用于早期的稻作灌溉。"井田

沟洫"也广泛存在于许多水利史志的记载之中。随着人类工程技术能力的提升，到了公元前600年至公元前200年之间，芍陂子午渠、引漳十二渠、都江堰灌溉渠系、郑国渠、灵渠、白起渠等大型水利工程修建起来，大至蓄水通航，小至引水入田、入户，沟渠开始以不同的规模广泛存在。用于农业社会生产生活的"干、支、斗、农、毛"多级沟渠体系，将江河湖泊、森林与冰川等水源地与农户生产生活的末梢——农田与村庄联系起来。此后，历朝历代的水利兴修、扩展，使沟渠系统遍布以农业文明兴盛的古代中国，并流传至今。承载着人类对自然利用的伟大智慧，两千年来，沟渠在长久的历史中与区域自然水系相融合，共同形成中国水网的"毛细血管"，发挥了区域气候调节、防洪除涝、水资源调配、水污染消纳、生物多样性保护及水能发挥等重要的生态功能。

平原地区，畦沟与村落沟渠相连，形成乡间的水网，通过地上或地下水联系水井、池塘或小型河流等，再通过不同规模的自然或人工水道联系至河流或水渠中。传统畦沟多绕田地而挖，呈倒梯形，沟沿夯实隆起，与田地连接处留出通水口，沟沿多有自然生长或栽培植物。这些田边、村间的沟渠窄可至十几厘米，多以几十厘米至几米宽度为限，深度不超过1米，水量情况与降水又直接关联。上流来水为清水，入村庄或农田后被排入生活污水或因从农田流失的农药化肥等而造成污染，再通过沉降、沟边植物净化等作用消纳污染，净化后再流入下游渠系。大型人工水渠有些在天然河流的基础上设计改造，强化其流通、蓄水和水能效应，有些完全依靠人力挖掘构造，从而联通河流、加强运力、利于灌溉。这些大型水渠底部多以砂石铺垫，根据需要设计和调节河道地形；两岸或以混凝土、固滨笼硬化或加固，或以区域常见滨水植物绿化。许多水渠在长时间的发展和使用中，愈加趋同于天然河流，或与天然河流联通，发挥着通航、水量调节、水能存储或释放、调节区域气候、为水生动植物提供生存环境等重要的生态功能，京杭大运河即为其中的代表。此外，在一些著名沟渠中还保留着古人设计稳固渠堤的独特创造和专业智慧，感兴趣的读者可以亲身前往，探索其中的奥秘。

在南方的稻作梯田地区，居住在那里的先民通过挖掘池塘和沟渠，将水拦截、贮存、引入村庄和田地，串起稻作梯田"森林－村落－梯田－水系"立体结构，并激活了

安徽寿县安丰塘灌区丰富的沟渠水系（闵庆文/摄）

整个系统的生态功能。被森林储存的天然降水形成径流，通过沟渠汇集，自山顶向下，供给人畜饮用、生活，提供水能补充人力，向下灌溉望之无垠的梯田并消纳污染，最终流入山脚河流，覆盖海拔高差可达1500米；渠埂植物可供食用、固碳固氮。

渠系分布随山形变化勾勒出山川大地的自然轮廓。在北方山区，红旗渠、绵右渠等大型水利工程平山、架槽、开隧道、建桥梁、筑堤坝、修水闸，建成了新中国一个又一个人间奇迹，在干旱缺水的太行山区改造出环境优美、宜农宜耕、适宜人居的生存环境。这些水渠，除了引水灌溉的主要功能外，还兼具平衡泥沙、改善区域小气候等重要功能。而红旗渠精神，更是新中国建设依靠人民、解放思想、自力更生、团结协作的具体实践，成为民族精神的重要构成。

（执笔人：袁正）

形形色色的农业湿地

生命生活生产生态
——盐田湿地

煮海之民何所营？妇无蚕织夫无耕。衣食之源何寥落？牢盆煮就汝输征。年年春夏潮盈浦？潮退刮泥成岛屿；风干日曝盐味加，始灌潮波流成卤。卤农盐淡未得闲，采樵深入无穷山；豹踪虎迹不敢避，朝阳出去夕阳还。船载肩擎未遑歇，投入巨灶炎炎热；晨烧暮烁堆积高，才得波涛变为雪。

——［宋］柳永《煮盐歌》

盐对于人的重要性毋庸置疑。盐大致可以分为四类，即海盐、井盐、池盐（包括湖盐）和岩盐。海盐是用海水晒制的盐；井盐是从盐井中汲取卤水用灶火熬制的盐；池盐（包括湖盐）是西北干旱地区咸水淤积的池子里面的咸水，被阳光晒制或燃火浓蒸的盐；岩盐即石盐结晶体矿物，是产于古代或现代炎热干旱地区盐湖或滨海浅水湖中的盐。

中国是人类历史上最早开采盐、使用盐的族群。传说，炎帝时就教化民众"煮海为盐"；后来，福建考古发掘出土多件煮盐工具，证明早在公元前5000年至公元前

3000年（仰韶文化时期）人们就利用海水煮盐；至明朝永乐年（1403—1424年），有文字记载我国开始废锅灶、建盐田，改蒸煮为日晒，使得制盐工艺不断向前发展。自夙沙氏最先煮海水为盐以来，盐文化便产生，并绵延数千年之久。可以说，盐文化是中国文化的重要组成部分之一。

在中国的地理分布上，东部出海盐、中部出井盐、西部出湖盐，因盐而兴的城镇贯穿东西南北。江苏盐城、四川自贡、山西运城分别是海盐、井盐、湖盐的代表。中国的海岸线是盐业的主产区，从北往南，辽宁、渤海湾、山东、江苏、浙江、海南岛等漫长的海岸线上，分布着复州湾盐场、长芦盐场、莱州湾盐场以及江苏、浙江、福建、广东、广西、海南等省（自治区）的盐场。人类发现和最早食用的是湖盐，中国共有1500多个盐湖，集中分布在西藏、青海、新疆、内蒙古。

悠久的历史，灿烂的文化，因盐得名是中国地名中一个独特有趣的文化现象。在繁如星汉的地名中，有很多与盐有关。

例如，与盐的来源和不同产盐方式有关的地方有：位于东海之滨、历史上盛产海盐的浙江省嘉兴市海盐县，位于横断山与四川盆地多盐井地带、盛产井盐的西藏自治区昌都市盐井县（1999年并入芒康县，改为盐井纳西民族乡），位于内陆干旱地区、盛产池盐的宁夏回族自治区吴忠市盐池县，位于干旱戈壁之地、有地下岩盐与水交融形成的咸水之泉的新疆维吾尔自治区哈密市盐泉镇，等等。

又如，与食盐运输或盐业经营有关的地名有：四川省凉山彝族自治州盐源县，表示这里是盐产源头地；四川省

位于江苏盐城的丹顶鹤自然保护区（陈国远/摄）

攀枝花市盐边县，说明这里位于盐产地的边上；四川省绵阳市盐亭县，意味着这里是盐运休憩或经停之地；而云南省昭通市盐津县，则表明这里曾经是盐运渡口。

再如，与展示产盐盛况以及期盼盐产丰收或管理盐运和销售有关的地名有：江苏省盐城市、河北省沧州市盐山县，反映了盐业规模；云南省盐丰县（今云南省楚雄州大姚县石羊镇）与盐兴县（今云南省禄丰市黑井镇），说明了曾经的盐业辉煌。

此外，还有浙江省海宁市的盐官镇和甘肃礼县的盐官镇，天津河北区的盐关厅大街以及衍生的盐关厅胡同、盐关厅东胡同和盐关厅西胡同，四川省成都市中心的盐市口，浙江省宁波市海曙区的盐仓巷，等等。

无论是盐场、盐滩，还是盐田、盐池，其生态价值也很重要。在中国唯一没有山的城市、最高海拔仅8.5米的江苏盐城，在古代曾是官方重要的晒盐场地，长长的海岸线、广阔的滩涂之地，给许多特殊物种提供了栖息之地，这里不仅是丹顶鹤自然保护区、麋鹿自然保护区，还是世界自然遗产——黄（渤）海候鸟栖息地（第一期）核心区和国际湿地城市等。

除江苏盐城外，还有一处具有重要生态价值的盐田湿地——天津的盐田湿地。这里本是一片盐田（也就是晾晒海盐的地方），但如今在这片盐田湿地繁殖的鸟类越来越多，它们大多把鸟巢搭建在盐田湿地内的盐业生产区域。随着天津市将盐田湿地划定在生态用地红线内，当地按照最严格的管控标准实施保护和管理。盐田湿地滋养着的虾蟹、贝类、鱼类等多种生物，也为鸟类提供了丰富的食物和绝好的栖息环境，使得反嘴鹬等鸟类正逐渐增多。

（执笔人：闵庆文）

形形色色的农业湿地

（叶元兴/摄）

农业湿地也是湿地，因此也具有一般天然湿地的生态系统服务功能。其人工改造的特性，使它还具备了一些特殊的功能。本章介绍了农业湿地在产品供给、水文调节、水质净化、气候调节、生物多样性保护和文化传承等方面的功能。

功不可没的农业湿地

人地和谐——农业湿地

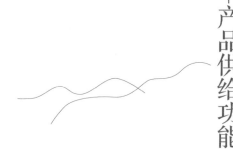

不容忽视的食物来源
——产品供给功能

西塞山前白鹭飞，桃花流水鳜鱼肥。青箬笠，绿蓑
衣，斜风细雨不须归。

——［唐］张志和《渔歌子》

"民以食为天"，农产品是人们生存的根本，比起水质
净化、水文调节等生态功能，如何利用湿地进行农业生产
或许更为黎民百姓所关注。

农业湿地提供的农产品主要为稻米、瓜果蔬菜以及水
产品等。

稻米　一万多年前，生活在长江中下游地区的先民在
沼泽地中发现了一株野草，他们或许不知道，这株小小的
野草未来会牵动着全球过半数人口的温饱问题。这株野草
就是今天人们已经非常熟悉的水稻的祖先。

水稻（*Oryza sativa* L.）是人工湿地提供的最主要
的粮食作物之一，分为籼稻与粳稻两个亚种，具有食用、
经济和药用价值。水稻在我国的种植范围极广，北至大兴
安岭山脚，南至海南三亚湾，西抵新疆天山山麓，东至宝
岛台湾，都有水稻的身影。全国各地水稻田的水质、气候

与土壤等自然条件千差万别，再加上各地多种多样的栽培技术与驯养方法，使得我国产生了众多具有当地特色的稻谷，例如，北京海淀京西稻口感软黏，谷粒晶莹剔透；天津小站稻米香甜适口，谷粒色泽油亮、圆润饱满，曾是宫廷御膳用米；广东罗定稻米入口回甘，柔滑软糯；河北峰南胭脂稻香味浓郁，煮熟后色如胭脂，清朝时为皇宫贡米；湖南新晃的侗藏红米，又叫凤血米，红而不艳、清秀细长，含有浓郁的豆味清香……

瓜果蔬菜　一些湿地呈水陆交互形态，一块块耕地在水域间纵横交错，这些露出水面的田地为农民们种植瓜果蔬菜提供了契机。浙江瑞安滨海塘河台田系统种植着大面积的花椰菜、紫甘蓝、西瓜等瓜果蔬菜，台田周围的水道在夜间可释放白天吸收的热量，为瓜果蔬菜提供了优良的生长环境；江苏兴化垛田上的龙香芋更是被选入《舌尖上的中国》。

许多时令蔬菜须在水里栽培，江南的"水八仙"便是其中的珍品。"水八仙"是指水芹、莲藕、菰（茭白）、荸荠、慈姑、芡实、菱、莼菜八种水生植物的可食用部分。水芹可在春季前后采摘，风味鲜美，药用价值高，其味甘辛，性凉，入肺、胃经，具有清热解毒、润肺利湿的功效。莲藕是荷花的根块茎，口感酥软，滋补养性，是食疗之上品，莲藕在我国湖北广泛种植，莲藕排骨汤、浠水蜜汁莲藕等均是以莲藕为食材的湖北名菜。菰（茭白）是一种水生草本植物，为"六谷"之一，营养丰富，具有苏氨酸、赖氨酸等多种氨基酸。荸荠的球茎可以食用，口感爽脆，甘甜多汁，可生食亦可熟食，江苏传统小吃马蹄糕便是以荸荠粉为原材料。慈姑的食用部分也是球茎，药用价值高，具有凉血止血、消肿解毒等功效。芡实是芡的种仁，也称鸡头米，在芡实中混入芳香的干桂花，再兑入冰糖水与酒酿，一碗桂花酒酿鸡头米就做好了，夏季闷热的午后来上一碗，是何等的幸福与惬意。菱，即菱角，皮脆肉美，蒸煮后既可剥壳食用，亦可蒸煮食用，因含有丰富的蛋白质、不饱和脂肪酸及多种维生素和微量元素，而深受人们的喜爱。莼菜，又名马蹄菜、湖菜等，性喜温暖，适宜于清水池生长，口感圆融、鲜美滑嫩，并因富含碳水化合物、多种维生素和矿物质，而被视为药食两用的珍贵蔬菜之一。

水产品　养殖池塘里鱼、虾、蟹、贝种类日渐丰富鲜美，极大丰富了我们的餐桌，提供食物就是水产养殖最初

浙江青田农民在稻田里收获田鱼（闵庆文/摄）

也是最主要的功能。自然环境舒适，水产品丰富美味，再加上池塘整齐排列呈现的优美自然风光，就构成了一种极具开发潜力的旅游资源。江苏盱眙的"中国·盱眙国际龙虾节"就是充分利用水产养殖开发当地旅游、娱乐、休闲功能的成功案例。盱眙县生态环境良好，适宜小龙虾生长，当地政府将小龙虾养殖作为支柱产业，并连续多年组织龙虾节，吸引游客和美食爱好者品龙虾宴、观美景、体验当地民俗，带动当地食品加工、旅游等多种产业的发展。

那些复合种养殖所形成的稻渔系统（如稻鱼、稻蟹和稻虾等）农业湿地，其蕴含的复合种养技术使得农民在收获粮食作物的同时，得以收获多种多样的水产品。例如，浙江青田稻鱼共生系统中的田鱼为当地土著鱼种瓯江彩鲤（*Cyprinus carpio* var. *color*），瓯江彩鲤体色丰富，有全红、粉玉、粉花等多种体色，极具观赏价值，而且营养丰富，味道鲜美，鱼肉无泥腥味，鱼鳞软嫩可食。当地人利用田鱼开发了田鱼饭、田鱼干等众多美食。"秋风起，蟹脚痒"，中秋时节，是盘锦稻蟹养殖系统收获螃蟹的时节。该系统在种植水稻的同时还饲养中华绒螯蟹，这种螃蟹个体硕大，黄满膏肥，肉鲜味美，是我国的水产珍品。

（执笔人：苏伯儒、刘某承）

功不可没的农业湿地

吞吐自如的人工海绵
——水文调节功能

岷江遥从天际来，神功凿破古离堆。恩波浩渺连三楚，惠泽膏流润九垓。劈斧岩前飞瀑雨，伏龙潭底响轻雷。筑堤不敢辞劳苦，竹石经营取次栽。

——［清］黄俞《都江堰》

水源涵养和径流调节是湿地最具代表性的水文调节功能。湿地的水源涵养功能，是指将降水或融雪进行蓄滞，然后再缓慢释放的过程。得益于这个过程，流域产流和汇流的过程被分散、拉长，赋予了湿地以调蓄洪水（缓解洪峰的强度、推后洪峰时间）和补给地下水的径流调节功能。

湿地的蓄水空间不仅存在于地表以上，还存在于土壤之中。地表以上的蓄水空间取决于湿地的面积、形状、湿地与周边地势的海拔差等因素，这里有人们直接可以取用的地表水。土壤中的蓄水空间被称为土壤水库，存在于土壤孔隙之中，土壤水库的大小就是土壤所有孔隙的总和。虽然直观不可见，但土壤水库在湿地蓄水空间中的比例却不容小觑。例如，当三江平原沼泽地的地表积水深度为

30厘米时，土壤水库占总蓄水空间的73%。不同的土壤的孔隙度不同，土壤颗粒的粒径组成、土壤结构和有机质含量都会影响土壤的孔隙度，进而影响土壤水库的大小。按照孔径大小，土壤孔隙可分为毛管孔隙和非毛管孔隙。毛管孔隙通过吸持来储存水分，吸持储存水分的状态主要受到吸附力和毛管力的影响，这部分水分是供应植物生长所用，不参与径流形成或水位变化过程。非毛管孔隙通过滞留来储存水分，滞留储存水分的状态主要受到重力的影响，在降雨或径流过程停止后，这部分水分会在重力的作用下成为壤中流或汇入基流补充地下水。尽管湿地的储水量上限基本不变，但地表以上和土壤中的实际蓄水量却在不断波动，在丰水期主要取决于地表蓄水量的变化，在枯水期则主要取决于土壤水库的变化，这种波动使得湿地的水源涵养能力也处于动态变化中。

农业湿地的水文调节功能也很重要。稻田作为分布最广泛的农业湿地，由于水下土壤会出现季节性的出露，拥有与沼泽类自然湿地较为相似的水文调节功能。具体来讲，丰水期的稻田基本处于灌水状态，每个田块都如同小型水库，将降水封存其中。在此期间，由于灌水期间的充分入渗，土壤水库基本被填满。进入枯水期后，土壤水库将被缓慢释放，为植被生长和地下基流补给水分，实现径流的长期调节。除此之外，对于南方山地广泛分布的稻作梯田，沿坡分布的梯田斑块还能够减小地表径流的流量和汇流速度，减轻地表径流对山地土壤的侵蚀作用，最终起到降低山洪和泥石流的风险与危害的作用。

中国南方降水充沛、水网密集，大量人口生活在湖滨与河畔的低洼地区，饱受洪涝之苦。若在河口或河流交汇

云南红河撒马坝梯田宛如一座座小水库（闵庆文/摄）

地区，泥沙容易淤积，积年累月将导致河床抬高，洪涝灾害甚至会逐年增强、愈演愈烈。为免洪涝之苦，与湖争地是南方先民的世代功课，他们在漫长的探索中掌握了湿地水文调节的规律，并进行了合理的利用，将自然湿地改造为具有更强水文调节功能的农业湿地。

在长期的生产实践中，滨湖低地的先民们发现，可以通过将水下的泥沙翻至水上，垒成水上高地，在高地上进行农作物种植，在水中进行渔业养殖。江苏兴化的垛田，无垠的高地如同一座座微型岛屿矗立水中；江汉平原的圩垸田，高地被做成堤坝，保护着内围的农田不受冲刷；浙江湖州和珠江三角洲地区的桑基鱼塘，用高地围成鱼塘，并在其上种植桑树，构建了物质循环的闭合网络。这类改造行为不但通过挖掘水下泥沙扩大了农业湿地的地表储水空间、提高了对地表径流的储蓄能力，还通过高地垒土令泥土出露水面，令农业湿地的土壤水库可以发挥其水源涵养功能，进而实现调蓄洪水、减少洪涝灾害的目的。

（执笔人：张碧天）

功不可没的农业湿地

干湿冷暖的重要开关
——气候调控功能

八月湖水平，涵虚混太清。气蒸云梦泽，波撼岳阳城。欲济无舟楫，端居耻圣明。坐观垂钓者，徒有羡鱼情。

——[唐]孟浩然《望洞庭湖赠张丞相》

气候变化是全球关注的问题之一，其中以二氧化碳、甲烷、氧化亚氮为主的温室气体的排放是引起全球变暖的重要原因。而有研究表明，水稻生产过程中会排放大量甲烷，于是有一种观点认为水稻种植加剧了全球变暖，并一度将水稻及水稻生产大国中国推到了舆论的风口浪尖。

湿地被誉为"地球之肾"，湿地生态系统可以防范、应对和抵御气候变化带来的消极影响。稻田湿地作为湿地的一种，为什么会变成全球变暖的帮凶？

这个问题应该这样来看待。一方面，天然湿地释放甲烷气体是客观存在的，这是由于当湿地植物处在水淹状态下，被浸泡腐烂的植物等有机物被分解后会产生甲烷气体，并进入大气中。与此类似，稻田作为湿地的一种，在水淹期间也会产生甲烷气体，但甲烷排放量并不显著高于

在气候变化中举足轻重的稻田湿地（闵庆文/摄）

其他湿地。

　　另一方面，稻田作为湿地还有固碳的功能。人类活动过程中向外界排放温室气体的过程被称为碳排放，而植物通过光合作用将大气中的二氧化碳转化为有机碳，固定在植物体内或土壤中的过程叫作生物固碳，对于减少空气中二氧化碳含量、减缓气候变化进程起到了积极作用。水稻生长过程中的固碳原理也是如此，水稻土壤的固碳效果甚至比旱地土壤更好。有科学家指出，随着种植和管理措施的改进，比如，秸秆还田、提高土壤养分、稻田养鱼养鸭等，稻田甲烷气体排放量会进一步减少，固碳量进一步增加。所以，综合来看，水稻生产对减缓全球变暖、抵御气候变化的效果应是与其他湿地相当的。

　　当然，固碳功能只是农业湿地调节气候的方法之一，除此之外，农业湿地还有调节局地小气候、调蓄洪水、缓解干旱等功能。

农业湿地的水体蒸发、湿地植物的蒸腾作用能够吸收周围空气的热量，有效降低周围环境的温度，并增加空气湿度；同时，和土壤、水泥地面、柏油路面相比，水的升温和降温速度更慢，白天时陆地升温快于湿地，湿地表面较冷的空气流向陆地形成风，也降低了陆地的温度，所以，我们走在公园的池塘边、水库边会感觉比其他地方要凉爽舒适。

农业湿地还是水资源的"调节器"和蓄水防洪的"海绵"。我国的水资源具有时空分布不均的特点，降水量自东南沿海向西北内陆依次减少，全国大部地区冬春少雨、夏秋多雨，一些地区容易出现洪涝灾害，另一些地区则被干旱困扰。农业湿地水体的蒸发可以在附近区域形成降雨，缓解干旱；水库在雨季储存水资源留在旱季使用，有效缓解了水资源时间分布不均的问题；南水北调、红旗渠等水利工程，通过人工沟渠将水从水资源丰富的地区引到水资源匮乏的地区，平衡了水资源空间分布不均的问题；当汛期来临时，上游洪峰来势汹汹，水库湿地又充当起泄洪区的角色，分流洪水，化解洪峰，像海绵一样将洪水"吸收"，保障下游人民生命财产安全。农业湿地的这些功能为人类适应气候条件，调节气候变化起到了至关重要的作用。

2019年第23个世界湿地日的主题是"湿地与气候变化"，就是为了强调湿地生态系统在防范、应对和抵御气候变化方面的作用。在影响气候变化、调节局地气候方面，农业湿地非常值得关注。

（执笔人：梅艳）

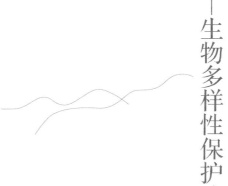

野生生物的另类天堂
——生物多样性保护功能

> 绿波春浪满前陂，极目连云䆉稏肥。更被鹭鸶千点雪，破烟来入画屏飞。
>
> ——［唐］韦庄《稻田》

按照一般的理解，农业是以土地资源为生产对象、通过培育动植物产品从而生产满足人类生存与发展需要的产品及工业原料的产业。这似乎与野生动植物保护有点"风马牛不相及"，很多人甚至认为农业生产与野生动植物保护存在着冲突。殊不知，农业湿地中的微生物、鱼类、浮游植物、浮游动物、水生植物、底栖动物、两栖动物、爬行动物、水生哺乳动物、鸟类等，都是其生物多样性的重要组成部分。适度的农业生产对于某些类型的动植物保护是有益的，甚至是必不可少的，这在许多农业湿地中已经得到证实。

其中的一个最为典型的例子就是朱鹮的保护。朱鹮是国际珍稀保护鸟类，自古被人们视为"吉祥之鸟"，在我国被列为国家一级保护野生动物，曾广泛分布于中国、日本、俄罗斯、朝鲜等地，由于环境恶化等因素导致种群数量急剧下降。1981年，我国科学家在陕西洋县发现了世界仅存的7只野生朱鹮，经过几十年的努力，朱鹮的种群数量已超过7000只，成为中国生物多样性保护最显著的成果之一。稻田不仅是水稻生产的基地，而且也是朱鹮生活的场所。位于陕西汉中的朱鹮国家级自然保护区中的稻田中，随处可见朱鹮与人和谐相处的优美画面。在中国政府的帮助之下，在日本已经灭绝的朱鹮重新回到了人们的视野，佐渡岛稻田-朱鹮共生系统更是于2011年被联合国粮食与农业组织列为全球重要农业文化遗产。

另一个例子是被称为"大气和水质状况的监测鸟"、享有"环保鸟"美誉的白鹭。白鹭是国家二级保护野生动

位于郫都的都江堰灌区稻田里的白鹭（闵庆文/摄）

物，对自然环境的要求很苛刻，只有空气够清新、水质够清洁、气候适宜的地方，白鹭才会造访或安家。而在生态环境良好的都江堰灌区稻田中，白鹭数量明显增加。

不仅是野生动物，适度的农业生产对野生植物也是有益的。在江西万年稻作文化系统中，荷桥村一带所种植的"万年贡米"，就具有野生稻性状。而在距其不远的万年附近的东乡县（现抚州市东乡区）境内，至今还保存着一片野生稻，这是迄今为止发现的世界上纬度最高、分布最北的野生稻，被誉为中国水稻种质资源的"国宝"。这片野生稻的发现，不仅证明赣鄱地区是中国乃至世界的稻作起源中心区，同时也为研究我国乃至世界的稻作起源提供了宝贵的生物材料。

农业湿地中类型多样的水生植物，如芦苇、香蒲、菖蒲、菰（茭白）、水葱、芦竹、水竹、红蓼、睡莲、千屈菜、美人蕉、萍蓬草、梭鱼草、水生鸢尾、荇菜、慈姑、芡实等，为众多的湿地动物提供了食物，从而构建起稳定、完整的食物链，也使农业湿地成为野生动物良好的庇护所和栖息地。

位于云南红河州的哈尼梯田，不仅是世界文化遗产、全球重要农业文化遗产，而且还是国家湿地公园，不仅为当地百姓提供了稻米、鱼、鸭等常规农产品，在梯田里还有鳝鱼、螺蛳、泥鳅等水生生物，垄埂边上则生长着水芹（水芹菜）、荠菜（苨苨菜）、水芋（水芋头）、蕺菜（折耳根）等植物，不但丰富了当地人的餐桌，而且帮助稻谷抵御了病虫危害。正是哈尼梯田良好的生态环境，使这里还生存着诸如桫椤、董棕、番龙眼、猫头鹰等许多珍稀动植物。

需要指出的是，对于农业湿地，如果过度关注其生产功能，通常会因为化肥农药的过量施用而造成水质恶化、农业湿地生态系统退化以及生物多样性减少等问题。从生物多样性和生态系统保护角度出发，应当注意在农业湿地中构建适合本地特征的生态体系，通过多样性种养殖措施，丰富适当的水生植物、动物和微生物，形成稳定的生态空间，在实现农业可持续发展的同时，更好发挥农业湿地的生物多样性保护功能。

（执笔人：闵庆文、陈斌）

　　一条条小河呦，流过三十六个垛，水连垛田啊垛恋水呀……

——兴化民歌《三十六垛上》

　　说起农业湿地，人们首先想到的肯定是农业生产，然后可能会从生态角度想到它在涵养水源、净化水体、蓄洪防旱和保持生物多样性等方面的"主旋律"功能。但是在这些"主旋律"之外，我们也能听到更多的"弦外音"，譬如"地域文化""生态文明"等新词语，这些都彰显出农业湿地在文化传承方面的作用。

　　如果说农业湿地在农产品生产和维护生态系统服务方面的作用好比它的外在"躯体"，那文化传承就是农业湿地的内在"灵魂"。古往今来，人们对"蒹葭苍苍""草长莺飞"的各类湿地类型就充满了向往，而各类农业湿地的出现，则在满足人们越来越高的生活需求和自然生境的同时，也寄寓了人们对各类文化的美好祈愿等精神内容。

　　我国著名的建筑学家吴良镛先生曾说过："文化是人们在特定地理环境和历史条件下世代耕耘经营、创造、演变的结果。"农业湿地作为人类创造的体现，也是对文化传承的典型诠释。

在都江堰灌区的成都平原，由于都江堰水利工程的作用，这里成为享誉中外的"天府之国"，还造就了具有显著地域特色的乡村景观——川西林盘。在云南哀牢山南部，以哈尼族为代表的各族人民因地制宜，依山开田，创造了堪称"世界奇迹"的哈尼梯田，而其更以"森林-村寨-稻田-水系"四素同构的生态景观而延续千年，成为全球重要农业文化遗产、世界文化遗产、国家级文物保护单位和国家湿地公园等。

当然，农业湿地的文化传承功能远不止于符号象征，它也可以作用于地方民俗和风情，让湿地文化以生活形态的方式得到延续和传承：被列入世界非物质文化遗产的侗族大歌，

紫鹊界梯田地区的民俗活动（闵庆文/摄）

被列入国家级非物质文化遗产的青田鱼灯舞、万年稻作习俗、哈尼四季生产调和乐作舞，等等，都是其中的典型代表。

在江苏兴化，勤劳的先民面对洪魔不屈抗争，在沼泽地带开挖河泥堆积成垛，并在垛上进行耕作，形成了举世闻名的兴化垛田传统农业系统。在里下河这片土地，垛田已不仅仅是农业生产的基石，更成了这里社民乡邻的精神纽带。就像费孝通先生形容的那样，"从土里长出过的光荣历史，自然会和泥土分不开了"，兴化的百姓创造了垛田，垛田也造就了兴化的文化：垛田庙会、垛田高跷龙、垛田拾破画、垛田舞……兴化的文化，被印上了深深的垛田印记，这一独特的农业湿地，不仅是里下河地区水文化的突出代表，更是人与水和谐相处的生动写照。

"那人，那水，那垛"，垛田地区的风俗既离不开水，也逃不脱田。在无数个四面环水的"小岛"上摇曳着金黄色的油菜花，一条条纵横交错的小河里，一个个头扎着各种颜色方巾的船娘们，一边唱着里下河水乡的小调，一边划着充满了欢声笑语的小木船，别具水乡风采。"千垛纵横碧水烂漫，万亩花海波光潋滟"，垛田的阵阵涟漪之上，这里的百姓用他们最质朴的歌声表达着自己对垛田的爱。

一个个农业湿地的形成，往往是人与自然不断磨合的结果，其间必定有二者相融共生的精彩篇章，文化也在此间成长起来。这种文化，饱含着景观形态、人际关系、生活习俗、宗教信仰等各类物质和非物质文明。这种文化，不仅为各类农业湿地的发展注入了源源不断的动力，也为其所蕴含的精神生生不息、发展壮大提供了丰厚滋养。

（执笔人：王博杰、闵庆文）

功不可没的农业湿地

（闵庆文/摄）

中国是世界上种植水稻最早的国家，至少有10000~12000年的历史。稻田是中国最大的农业湿地，分布在几乎所有的省（自治区、直辖市）。从野生朱鹮的天堂到古代皇家亲耕的示范田，从记载万年水稻演变的稻田到世界上海拔最高的稻田，从东北边陲石板上的稻田到南国壮乡的稻田，让我们一起走进中国不同特色的稻田湿地。

多效兼顾的稻田湿地

人地和谐——农业湿地

人鸟和谐的美丽画卷
——陕西洋县朱鹮稻田

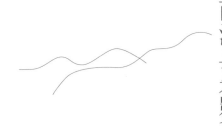

翩翩兮朱鹭，来泛春塘栖绿树。羽毛如翦色如染，远飞欲下双翅敛。

——［唐］张籍《朱鹭》

朱鹮又名朱鹭、红鹤，素有"东方宝石"之称，是国家一级保护野生动物。其通身雪白，枕部的羽毛如柳叶般向外延伸成羽冠，两翅、腹部及尾尖为橙色，喙尖、面颊、双腿和爪部均是朱砂般鲜亮的红色。朱鹮性格温和、体态优美，飞起时如天边的一片片晚霞，被我国民间称为"吉祥之鸟"，为历代诗人所歌咏。

朱鹮对生活环境的要求极高，一般生活在温带山地森林和丘陵地带，邻近水田、河滩、沼泽等湿地环境，曾广泛分布于中国、日本、朝鲜等东亚国家。它们喜欢在高大的树上筑巢，在清澈的湖水或没有污染的稻田中觅食，也因此常与人类比邻而居。然而，在20世纪中期，大量的猎杀导致朱鹮的数量急剧下降，砍伐树木、减少水田等人类活动也对其赖以生存的生态环境造成了严重破坏，使得朱鹮一度濒临灭绝。

1981年，我国科研人员经过艰苦搜寻，在陕西洋县找到了全球仅存的7只野生朱鹮，消息一经发布便引起了巨大的轰动。此后，为保护朱鹮，科研人员攻克了朱鹮的人工饲养、繁育到野化、放归等关键性技术难题，有关的政府部门也采取了大量的保护措施。1983年，朱鹮自然保护区在陕西洋县正式成立，当地的人们封山育林、恢复天然湿地，将旱地改造成水田，人工种植水稻，并且不再向稻田中施用农药和化肥，为朱鹮营造了良好的栖息和繁殖环境。2005年7月，国务院批准成立陕西汉中朱鹮国家级自然保护区，总面积为37549公顷，其中，核心区面积11390公顷，缓冲区面积9930公顷，实验区面积16229公顷。保护区内河流纵横，水源丰富，河流两岸水塘密布，共有水稻田约1.2万公顷。

陕西汉中朱鹮国家级自然保护区位于我国陕西省汉中市洋县的姚家沟、金家河、三岔河等地，行政范围涉及19个乡镇，地理范围在东经107°21′～107°44′，北纬33°08′～33°35′，气候温暖湿润，地形起伏平缓，自然条件优越。

目前，我国朱鹮的种群数量已超过7000只，朱鹮的拯救保护工作取得了显著成效，成为世界濒危物种拯救的成功典范。也正是因为中国朱鹮的引入，使得深受日本国民喜爱但一度灭绝的朱鹮重新回到了人们的视野。2011年，日本佐渡岛稻田-朱鹮共生系统被联合国粮食及农业组织列为全球重要农业文化遗产。

稻田是朱鹮最重要的觅食地。朱鹮主要以稻田中的泥鳅、青蛙、蟋蟀、田螺、蚯蚓等动物为食，兼食米粒、草籽、嫩叶等。为便于朱鹮觅食，洋县开展了"鹮田一分"

行动，即在每亩稻田中留出一分的空地，作为朱鹮的觅食区。同时，部分稻田还被保留为朱鹮的冬季觅食地，一年只进行一季耕作。为保证水稻田中的食物充足，保护区管理部门还会定期进行人工投放，加强营养供给，为朱鹮打造优质的觅食地。此外，保护区内还建立了多个观察站，能够及时对流域内的水质、土壤和鸟类疫病疫情进行监测，保护朱鹮在活动区域内的安全。

朱鹮自然保护区的建设也为当地经济转型提供了重要的机遇。在保护区建设初期，保护区内禁止使用化肥、禁止使用农药、禁止开矿办厂的规定给附近的农户带来了较大的困扰。为解决当地的经济发展问题，洋县在摸索中前行，着力发展有机产业，使用粘虫板、害虫诱捕器和太阳能杀虫灯代替农药，使用有机肥代替化肥，推进"稻田养

陕西洋县稻田中觅食的朱鹮（孙晋强/摄）

鳅""稻田养鱼""水稻大蒜轮作"等高效的综合种养模式，解决了朱鹮保护和百姓增收之间的矛盾。在政府的管理和支持下，陕西洋县已先后入选国家有机产品认证示范区和国家农业绿色发展先行区，并于2020年全面脱贫。同时，旅游产业的发展也是带动当地经济增长的重要支柱。新中国成立70周年前夕，洋县3D立体稻田创意景观吸引了众多游客，其中，龙亭田园综合体稻田艺术还创下了世界纪录，一度成为"网红打卡地"。如今，陕西洋县已经实现了朱鹮生境保护、有机产业发展和农民持续增收的良性循环，保护朱鹮及其生活环境也成为当地群众的共识。

（执笔人：李静怡、闵庆文）

多效兼顾的稻田湿地

人类稻作文明演化的最好见证

——江西万年稻田

> 手把青秧插满田，低头便见水中天。六根清静方为
> 道，退步原来是向前。
>
> ——[唐]契此（布袋和尚）《插秧歌》

民以食为天。人类文明的起源和发展离不开古代劳动人民对植物的驯化，在这其中，农作物的出现则是人类历史发展中的一次伟大革命。从全世界粮食作物的种植面积上来看，水稻超过小麦和玉米稳居榜首；按粮食产量计算，仅水稻一项就占到了世界粮食总产量的四分之一。由此可见，水稻对于人类的生存和发展所需的食物供给具有重要的价值。

人类何时何处将野生稻逐渐驯化为栽培稻，是中外考古学家争论了将近一个世纪的话题。苏联著名的遗传学家瓦维洛夫曾肯定我国是世界上最早、最大的农业作物起源地区之一，但在水稻的起源问题上，他却始终认为水稻起源于印度。自20世纪50年代，随着新中国成立后考古事业的蓬勃发展，在我国各地出土的稻谷化石标本所认定的年代也越来越早，远超印度及东南亚等诸多国家。在浙江河姆渡、湖南彭头山和江苏草鞋山等地，均发现了7000年以前的稻作遗址，"长江中下游是稻作起源中心"逐渐受到中外考古界的关注。于是乎，中国是世界水稻的发源地已成为全世界考古专家及学者的共识。

在1993年和1995年，由著名农业考古学家严文明和马尼士带队的中美考古队，数次来到江西省万年县的大源盆地，由此发现了1.2万年前人工栽培稻植硅石标本，从而将世界水稻生产史一下子前推了近5000年，不仅为"长江中下游起源说"提供了极为有力的证据，也有力地昭示了赣鄱地区是中国乃至世界的稻作起源中心区。"野稻驯化起于是，烧土成器始于斯，刻符记事源于此，物食易换发于兹"，万年的万年县，究竟是怎样一片神奇的土地？

在万年县一个叫荷桥村的地方，山高垅深，日照奇特，山垅上流下的泉水裹挟着山林的凋谢物以及土壤中的矿物质，常年滋养着稻田，为水稻的生产提供了所需的营养。由于贡谷原产地独特的自然条件，当地还保留和沿用传统的稻作技术，如人工播种、育秧、移栽的水稻种植技术，利用香根草、菊花籽等病虫害防治技术，秸秆还田腐熟技术，以及用禾斛打谷、用水碓来舂米等稻米加工技术。在这样的稻田农业湿地生态系统中，灌溉和降雨得到的水源同时以地表径流、渗漏等方式对地表和地下水资源产生影响，因此，稻田及其相邻的沟渠、山塘共同构成了一个隐形的水库湿地，不仅产生了蓄水调洪的作用，同时还具有涵养地下水源的功能。这里水稻生长所形成的特殊自然环境对稻田土壤养分的蓄积也产生了积极的作用，这里土壤养分含量达到了高、中级等级，形成了典型的高氮

多效兼顾的稻田湿地

江西万年的贡米原产地（闵庆文/摄）

高钾中磷型土壤，具备了天然的水稻生长所需营养物质的主动调控能力。水稻通过光合作用吸收大气中的二氧化碳，同时将其中的碳固定下来，生产人类生存所需的有机质和氧气，构成了稻田这一农业湿地生态系统平衡的重要机制。

作为世界水稻种植的起源地之一，万年县荷桥村的天然环境曾留存有丰富的野生稻资源，这类野生稻经历了长期以来不良环境和各类灾害的自然选择，具有优良的抗逆性，保持了栽培稻所不具有的或已消失的遗传基因。距离万年县不远的东乡野生稻是栽培稻的始祖，是迄今为止所发现的纬度最高、分布最北的野生稻，被誉为中国水稻种质资源的"国宝"。这种水稻可以在-12.8℃的环境下存活，同时在10℃的环境下萌发生长，这种对温度的适应性举世罕见，对水稻育种的抗寒早播具有重要意义。也正因如此，江西万年稻作文化系统于2010年被联合国粮食及农业组织列为全球重要农业文化遗产，并于2013年成为首批中国重要农业文化遗产。

稻田，作为一种农业湿地为万年地区的农业物种资源提供了天然的庇护所，不仅为未来农学、医学和生命科学的研究提供了丰富的材料，同时也构成了区域农业湿地生态系统的物质基础，为地区社会、文化、经济和生物的多样性提供了保障。

万年稻田，就像一颗镶嵌在赣东北大地上的明珠，散发出耀眼的光芒。

（执笔人：王博杰、闵庆文）

多效兼顾的稻田湿地

大都市里的一片特殊绿地
——北京京西稻田

疑是山村是水乡，禾苗低亚稻苗黄。绿杨十里蝉声沸，飒爽风中馈粥香。

——［清］乾隆《万泉郊行即事四首（其二）》

说起水稻，人们第一个想到的往往就是细雨绵绵的南国和绿意盎然的水梯田，水稻几乎成为大家对南方的刻板印象了。实际上，北方也盛产稻米，尤其以"万亩黑土地"闻名的黑龙江省、吉林省、辽宁省（东三省）为主要产区。但你知道吗，在以旱作农业为主的北京地区，也有着稻田的分布！

北京作为一个有着3000年建城史和800年建都史的古都，这里古代的农业活动也被烙上了深深的"皇家"印记。皇帝祭祀先农神和亲耕的传统最早可追溯至周朝，而到了明、清两代，这成为国家重要的祭祀典礼。每到初春时分，皇帝都要率领众官员到先农坛祭祀先农神并亲耕，礼毕之后，还要在观耕台观看王公大臣耕作。在清代的鼎盛时期，康熙、雍正、乾隆等皇帝更是喜欢在风景秀丽的畅春园、圆明园内举行演耕。正是由于彼时皇家对农耕的重视，明、清两代京郊"三山五园"一带的水利工程得到

北京京西稻作文化系统海淀京西稻保护区（闵庆文/摄）

了大规模开发，自此京郊稻田开始大面积快速增长。清康熙十四年（公元1675年），康熙皇帝亲赴玉泉山观禾，随后开辟了官种稻田。他还培育出御稻米在京西一带种植，始称京西稻。到了清乾隆时期，京西地区的稻田面积达到1万余亩，其耕作、管理和文化习俗等逐渐融合形成海淀京西稻农耕文化。作为清朝的御稻田，京西稻寄寓着数位清帝"以农为本"的治国理念，这里也因此成为清朝"国家水平"的"农业示范田"。

　　海淀京西稻保护区依山傍水，是北京市三块"山前暖区"之一，不仅有着适宜的气候条件，同时也受到充足地表、地下灌溉水源和冲积扇沉积物的滋养。作为大都市里少有的农业湿地，这里泉流湖泊密布、沟渠纵横、稻田广布、水生植物多样，同时还有着寒鸦、野鸭、白鹭等多种禽鸟在这里筑巢安家。"长堤内外，片片稻香，远山近水相映成画"，正是对海淀京西稻田景观的生动写照。以皇家园林为衬托的京西稻作农业湿地生态景观，不仅为首都平添了一抹绿色，也成为城市不可多得的农业湿地生态系统。此外，海淀京西稻保护区还在过去水稻种植的基础上，引进了多种作物和水生生物的养殖，在保证生物多样性和生态系统稳定性的同时提供了大量的农副产品，发挥了区域民生保障和食品安全的作用，实现了生态效益、经济效益和社会效益的三位一体。

对于海淀地区的稻作水乡景观，不论是来自南方的远客还是领略过南方水乡风光的北方人，都常常会触景生情，产生对江南美景的无限遐想。几百年来，文人骚客在诗词中更是不吝对京西稻的赞美之情。明朝袁中道在《西山十记之二》中写道，"大田浩浩，小田晶晶，鸟声百啭，杂华在树，宛若江南三月时矣。"清朝张玉书在《赐游畅春园玉泉山记》中也写道，"沿途稻田村舍，鸟鱼翔泳，宛然江南风景。"

京西稻田已然成为京城百姓心目中"水乡"的文化景观符号，也已成为海淀最为重要的农业景观之一。稻作农业不仅为京城形成了有若"小江南"的秀美水乡风光，也造就了名扬京城的京西稻。2015年，北京京西稻作文化系统被列为第三批中国重要农业文化遗产。当京西生态稻田景观与皇家园林"三山五园"相遇，便构成了别具地方文化特色的天然画卷。2021年，"稻田景观"被列入《北京历史文化名城保护条例》之中。

在华北平原大地，京西稻作文化系统所形成的农业湿地景观宛若大地上的一颗珍珠，闪烁着别具一格的璀璨光辉。

（执笔人：王博杰、闵庆文）

> 山连江城清水停，稻花香遍百里营。粗碗白饭仙家味，在之禾中享安宁。
>
> ——［清］康熙《在之禾》

数万年前，由于地壳剧烈运动，牡丹江的火山群不断喷发，一股股岩浆喷涌而出，凝固后形成了一个面积达200多平方千米的火山岩台地，火山岩不断风化成土壤母质，台地周围的枯萎植被也覆盖在火山岩上，形成了一层一层的腐殖质。日月变迁，沧海桑田，在大自然的微妙作用下，台地上逐渐累积了厚达30厘米的土壤，也诞生了堪称一大奇迹的"石板上的稻田"。

位于黑龙江省牡丹江市宁安市的响水稻田，总面积约8万亩。响水稻田有着悠久的耕种历史，早在1300年前，人们便在这火山岩台地上修建水利设施，开垦耕地，种植水稻。先民们筚路蓝缕，最终在一块大大的火山石板上建起了颇具规模的"响水稻田"，因此响水稻田也被唤作"石板上的稻田"。《新唐书·渤海传》中记载，当年渤海国给唐王朝进贡的贡品中，就有"太白之鹿、率滨之马、

多效兼顾的稻田湿地

黑龙江宁安火山岩上的水稻田（闵庆文/摄）

卢城之稻、北海之鳍"，其中"卢城之稻"便是指响水大米。从唐朝至清朝，响水大米一直是皇室御用米，新中国成立后则成为人民大会堂的国宴用米。2015年，黑龙江宁安响水稻作文化系统被列为第三批中国重要农业文化遗产。

牡丹江的水从镜泊湖中泻出后会经过一片火山岩台地，由于台地与地面落差较大，因此水流出台地时急速下落产生哗哗的水声，在一二里①之外都能听到，因此，该地产出的稻米便被命名为响水大米。关于响水大米的名称，还流传着一段有趣的历史传说。相传唐朝时期，渤海国上京龙泉府（今黑龙江省安宁市）有一位很会弹琴的老琴师，他有一个非常美丽的女儿叫"水儿"，父女两人相依为命。渤海国郡王见水儿生得美貌，便把她强行纳进宫中，老琴师日思夜想，日日在牡丹江畔弹琴，老琴师死后，琴声却依然在田野间徘徊，于是人们便把这片土地称为"想水儿"，这片土地上生产的大米也被称为"响水大米"。

"龙江大米甲天下，响水大米甲龙江"，响水大米粒粒如玉，软绵弹糯，回味香甜，蒸煮时清香扑鼻，汤似鲜乳（胶原蛋白含量高），米色油亮（维生素E含量高），冷饭不回生，深受全国人民喜爱，于2007年成为全国地理标志产品。响水大米营养丰富，含有钙、镁、铜、铁、锌、硒等微量元素，每千克大米含钙量高达220毫克，约为普通大米的3~6倍，同时，响水大米富含人体所需的18种氨基酸，其中包括7种人体所不能合成的氨基酸。

那么，生长在火山岩石板上的大米，为何会有如此多

① 1里=500米。以下同。

的优良性状？主要原因有以下四点。一是土壤肥沃。水稻田的土壤是由风化的火山岩颗粒和腐殖质沉积形成的，土质松软透气，微量元素、矿物质和有机质含量极为丰富，为水稻的生长提供了充足的养分保障。二是灌溉水源纯净。响水稻田所用的灌溉水来自亚洲第一大、世界第二大堰塞湖镜泊湖，湖水清澈纯净，无工业污染，同时水源充足，为水稻这种高耗水作物提供了水分保障。三是响水稻田的小气候环境优良。火山岩石是一个天然的"温度调节器"，其上布满大大小小的岩孔，岩孔在白天可吸收太阳释放的热量，晚上地表温度下降，火山岩便将储存的热量释放出来，使得响水稻田水温比一般稻田高出2~3℃，降低了响水稻田的昼夜温差。在夜间寒冷的北方，这点宝贵的热量为水稻生长提供了一个稳定的环境，有利于水稻的生长和碳水化合物的形成。四是多孔的火山岩透气性良好。水分在岩石中有宽敞的通道，使得水分能及时从岩石中渗出，但却不会漏水、排水，便于通风和晒田，促进水稻扬花、灌浆和早熟。

响水稻田的耕作方式也是导致响水大米享誉全国的重要因素。相传公元1646年，移民至该地的李元清开始尝试在石板上种植从中原引入的水稻，后经数代人对稻种的选育以及对田间管理技术的改良，逐渐形成了一套完整的种植技艺，响水水稻种植技艺也入选了黑龙江省非物质文化遗产。

（执笔人：苏伯儒、刘某承）

秋来只怕雨垂垂，甲子无云万事宜。获稻毕工随晒谷，直须晴到入仓时。

——［宋］范成大《（秋日）四时田园杂兴》

壮侗语族称田地为"那"（壮语：na），意为"田"和"峒"。"田"为水稻田，"峒"即周围有山的一片田。因此，广西壮族人民的那文化即稻田文化。

在桂西南右江下游谷地中，江水穿过都结、布泉、屏山一带的峰丛洼地，岩溶山地与碎峭岩组成的中低山和低山丘陵散布其中，形成一幅峰从平地起，水绕山间过的秀美画面。山水之间，湿地密布，被一代一代勤劳的壮民改造成连片稻田。夏日青翠，秋日金黄，绚丽而丰盈的色彩散布村落，这些村落以隆安为代表，成为广西最美的田园之一。

石器时代起的水稻文化传承

岜娅山、娅怀洞等遗址新、旧石器文化层中发现了距今16000年前的稻属植物特有的植硅体及距今

多效兼顾的稻田湿地

28000～35000年前的疑似稻属植物植硅体，这些植硅体被认为是人类发现野生稻的证据，岜娅山、娅怀洞遗址也被学界认为是迄今发现的世界最早的稻文化遗址。而出土的新石器时代打制石器——大石铲，也有极大可能是人类最早创造的专门用于水稻生产的工具。岜娅山在当地又被称为稻神山，其周围区域发现了10余个5000多年前的古骆越大型稻作文化祭祀遗址。大石铲形状的祭石伴着流传至今的稻神祭习俗遗存，仿佛讲述着人类从远古走来，于群山中依水造田，驯稻为谷，祈天佑生的动听故事。

依潮水而上下的"雒田"灌溉智慧

北回归线以南，右江下游谷地的隆安县，境内河道纵横，湿地密布，属南亚热带湿润季风气候，炎热多雨，冬

广西隆安罗星江"雒田"的稻神祭仪式（隆安县农业农村局/供）

短夏长。由于它特殊的地形特征，壮族先民古骆越人在这一区域因地制宜创造了"依潮水上下"而耕作的"雒田"生产方式，开辟了我国最早的有相当耕作规模、具备灌溉智慧的水稻田。有学者认为，"雒田"是古骆越人利用江河潮水涨落规律而栽种稻谷所形成的粗放、原始的水田状态；也有学者认为"雒田"源于对河流两岸的沼泽的改造，通过水稻栽培，最终形成人工利用的湿地；还有学者认为"雒田"是山谷田间的"槽"水状态，是稻田人工灌溉的雏形。

无论哪种观点，都可以发现，"雒田"这一最早出现于《交州外域记》因北魏郦道元《水经注》引用而闻名的水田形态，都是人对水与土地之间关系的主动认识、利用，是在原始粗放的条件下来解决稻田灌溉的智慧所在。这种智慧，体现了人类利用农作物干预河流和对自然湿地的改造，也正是稻田作为人工湿地生态功能的生动体现。

河流与稻田相伴相生的大地景观

隆安既有以稻神山为中心的罗兴江、渌水江、右江三角洲区域众多的旧石器时代和新石器时代的稻作生产、生活和文化遗存所形成的稻作历史文化遗址，也有古骆越人创造的"依潮水上下"而耕作的"雒田"生产与灌溉系统，还有许多流传至今的具有独特壮族风情的稻神祭祀习俗、生产生活民俗，成为内容丰富、类型多样的壮族标志性的稻作农业历史文化景观。而江河与沟渠相连，沟渠环绕稻田，稻田平布山间的美丽景观，将水、人、田、山相联系，建构起能量循环与物质流动的通道。以水循环为例，江河水受潮汐作用或由地势差带来的动力的影响，引入农田、村庄，一部分被人和植物利用，一部分因蒸腾作用等蒸发，进入空气后增加区域湿度、调节温度，从而形成宜人宜耕的小气候。文化要素、生态要素在景观中层层叠加，共同形成了兼具美学、生态、文化传承多种价值的大地景观。

壮族那文化生动传承

春种秋收，精耕细作，广西壮族那文化在山水田地中代代传承。据"那"而作，凭"那"而居，赖"那"而食，靠"那"而穿，依"那"而乐，稻田已深深融入壮族人的生活、信仰、习俗的方方面面。在广西尤其是桂西南，许多地名以"那"命名，如那坡县、那桐镇、那峒村等。春节至元宵期间的舞春牛、农历五月十三的祭稻神、农历七月初七的尝新节，以及"三月三"（祭山祭祖，2014年"壮族三月三"入选国家级非物质文化遗产名录）、"六月六"（稻神祭，也称芒那祭，被视为水稻诞生日）等许多传统节庆因稻田耕作而生，更在新时代文化活动和文化行为之中，深层次地诠释了尊重自然、敬畏自然、生态友好的思想，并传承中华农耕文明的精髓，丰富壮族民众的精神与物质生活。2015年，广西隆安壮族"那文化"稻作文化系统被列为第三批中国重要农业文化遗产。

（执笔人：袁正）

世界『第三极』上的农耕瑰宝
——云南维西攀天阁稻田

多效兼顾的稻田湿地

西南万里一孤城，城上寒云暮角声。铁锁旧沉蒙古渡，金沙东拥武侯营。歌残敕勒秋风起，雪压蓬婆夜月明。自昔边筹多劲旅，萧萧塞马垄头鸣。

——［清］牛焘《维西》

从云南省维西傈僳族自治县出发，溯澜沧江蜿蜒而上，穿越香格里拉腹地的崇山密林，遥望被誉为"滇金丝猴的家园""动植物基因库"的白马雪山，云山薄雾间一片平坦的坝子静卧其中。天光洒下，稻田青翠，炊烟袅袅，宛如仙境。这便是攀天阁。

攀天阁水稻产区被认为是我国乃至全球水稻种植海拔最高的区域。攀天阁，纳西语意为"离天最近的坝子"，既是维西自治县的行政乡名，也是被誉为"横断山区的绿宝石"的明珠坝子。攀天阁水稻产区地处世界自然遗产"三江并流"腹地，海拔约2680米，其海拔高度明显高于尼泊尔稻作区、菲律宾科迪勒拉山区梯田稻作区、中国西藏自治区唯一的稻作区察隅地区稻田、红河哈尼梯田等高海拔稻田的稻作区域。从青藏高原向东，由于热带湿润地区受西南季风海洋暖湿气流影响，这一区域夏日多雨，气温反而低于亚热带，更因处于滇西北横断山区，层层南北纵向大山拦挡住印度洋暖湿西南季风的去路，使暖湿气流逐级削弱，雨量向东递减。光照、气温和水分条件适宜水稻的生长，可能是水稻的分布海拔上限停留于此的原因。

泻湖造田，一个民族的生计模式变革

水稻主产区位于维西傈僳族自治县攀天阁乡皆菊村，是乡政府驻地。攀天阁乡皆菊村迪姑普米族自然村所在的迪姑坝子是攀天阁坝子的组成部分。一百多年前，这里本是位于半山腰上的一片高原湖泊，是居住于附近的普米族游牧的地方。清末时，开凿落水洞泻湖造田，引水开渠，不仅开启了攀天阁水稻栽培的历史，也让氐羌后裔普米族生计模式从漂移不定的高山游牧－渔猎采集转变为定居农业与游牧相结合的形式。攀天阁落水洞至今保留着清光绪三十二年（公元1906年）的一座石刻，记录了时任维西通判冯舜生带领当地人民泻湖造田1000余亩的事迹。新中国成立以后，土地集体化推行，攀天阁坝子上的农田开垦也逐步扩张，从坝子拓展到山地山腰，但由于水田对水分的要求，水田仍集中在坝子上，面积有所扩展；而坡地农田则多被垦为旱地。多样的农田形态为当地农民生计决策提供了更为多样的选择，为高海拔地区应对异常气候或农业灾害提供了可能，如干旱的年份多种些旱作物，而湿润的年份多种些水稻，便能收获水田、旱地中更多种类的野菜品种。农户在农田种植时节投入种植，收获后主营山地畜牧，形成农业与牧业时间、空间上的交错，丰富了农

户家庭经济来源，也让人们更为从容地应对自然带来的风险。

独特环境产出稻田珍品——云南六大稻米品种之一"老黑谷"

"老黑谷"是适应高海拔环境的一种本土品种，是攀天阁特有的特种水稻，适应当地高海拔地区有百多年历史。攀天阁水稻产区地势平坦、草煤为底，与同海拔其他地区相比，水稻田土地本底保湿、保温性强，矿物元素富集。以"老黑谷"为主的水稻地方品种植株较矮，分蘖较弱，生长缓慢，较能抗寒耐贫瘠，不耐肥，抗倒伏，易感稻瘟病，在长期栽培条件下适应了高原生态环境，并兼具较高的营养价值。"老黑谷"米壳呈黑，米粒油红、圆润、饱满，焖熟后醇香可口，是当地普米族群众食用和待客的上品。2013年，攀天阁"老黑谷"米荣获云南绿色有机米称号，荣获"云南六大名米"称号，成为当代攀天阁坝子上促进乡村振兴的特色品牌。

稻田维系与传承了民族文化

巍巍横断山群山连绵，莽莽澜沧江河谷互依，各民族村寨棋布于山间，风情独特，民俗多样。普米族、纳西族、傈僳族、藏族、汉族等16个民族在攀天阁坝子上大杂居、小聚居，长期以来民族间通婚，文化间融合，却又保持着村村不同俗的独特民俗文化。长期的水稻栽培在当地民族文化传统中打下了深厚烙印，不仅是水稻种植成为不可或缺的生计形式，在民族节日、祭祀、婚丧礼

云南维西攀天阁的水稻田（寇姝燕/摄）

仪中，传统稻米都成为不可或缺的重要文化符号；开秧门、长街宴等民俗庆典活动，更是直接将稻田、稻作与民族文化相连接，成为攀天阁这颗绿宝石上天然而闪耀的光彩。

（执笔人：袁正）

多效兼顾的稻田湿地

（吴敏芳/摄）

　　在稻田里养鱼，是中国先民的一大创造。这一有着2000年左右历史的生态农业模式，如今不仅广泛分布于中国大地，而且还被传到海外，并成为世界上第一个全球重要农业文化遗产。这一模式历久弥新，不仅有稻田养鱼，还有养鳖、养虾、养蟹、养蛙……

互利共生的稻渔湿地

人地和谐——农业湿地

竟说田家风味美，稻花落后鲤鱼肥

——浙江青田稻鱼共生系统

> 一升麦子掉鱼苗，红黑数来共百条。早稻花时鱼正长，烹鲜最好辣番椒。
>
> ——［清］徐容丛《咏田鱼》

9月的浙江青田正展现着一幅美丽的秋收画卷。远远望去，像是一片金色的海洋，阵阵涟漪，当你走近时更会发现，水稻丛中游弋的鱼儿正露出头来跟你打招呼，令人惊喜。这就是青田特色的稻鱼共生系统。

青田县位于浙江省东南部，瓯江中下游，境内山多地少，素有"九山半水半分田"之称。青田县稻田养鱼已有1300多年的历史，至今还保留以稻养鱼、以鱼促稻的传统经验，有"有田就有鱼，田鱼当家禽"之说。2005年，青田稻鱼共生系统成为世界上第一个全球重要农业文化遗产保护项目，并于2013年被列为首批中国重要农业文化遗产；2017年，位于遗产地核心区的龙现稻田湿地成为浙江省第二批重要湿地。

在稻鱼共生系统中，水稻能够很好地为田鱼提供遮阴环境，使其能清凉地度过炎热的夏天。水稻还能为田鱼提供有机食物，到了七八月份，田鱼以稻花为食，变得更加肥美。稻田中的水较浅，循环较快，水稻可吸收肥料、净化水质，从而大大降低鱼类生病的概率。因此，稻鱼共生系统能够产出高质量的田鱼。

稻田中存在着大量害虫，如越冬害虫、钉螺、孑孓等，啃食水稻或使水稻患病。而鱼类则会以这些害虫为食，在养肥自身的同时，又保护水稻免受害虫的侵袭，不仅增加了稻谷产量，还减少了因使用农药可能造成的稻田环境污染。稻田中经常会生长一定数量的杂草，会与水稻争夺阳光、空间，影响田间的通风透气能力。而在稻鱼共生系统内，杂草被鱼类摄食，这样省力且环保的去除杂草的方式，使水稻能够良好地生长。

在稻鱼共生系统中，鱼类可以吞咽、消化和吸收稻田中的有机质，其分泌物可以将30%~40%的有机质转化为肥料，排出的粪便转化为肥料，增加了稻田土壤有机质含量和养分，在肥田的同时减少了化肥的使用，实现系统的良性循环。鱼类能够消灭杂草和水稻下脚叶，从而影响甲烷菌的生存环境，间接地减少了甲烷的产生。鱼类的活动还增加了稻田水体和土层的溶解氧，改善了土壤的氧化还原状况，加快了甲烷的再氧化，从而降低了甲烷的排放通量和排放总量，其中对稻田甲烷排放高峰期的控制效果最为明显。

稻鱼共生系统本身就是复合农业生态系统，生物多样性丰富。据在青田稻鱼共生系统核心保护区的龙现村调查，其农业生物多样性包括三个方面，即农业物种多样性、农业生态系统多样性、农业文化多样性。在物种多样性水平上，主要有田鱼、稻类、其他作物以及蔬菜等四种

浙江青田稻鱼共生系统（闵庆文/摄）

类型：田鱼为鲤科鲤属鲤种，是鲤种鱼类里的一个地方品系，鳞片可食；现存的传统水稻品种主要有红米、千罗稻、晚稻、中稻、米冻米、晚谷等；其他作物主要有小麦、玉米、小玉米、番薯等；蔬菜品种主要有种植类和野生类。

青田稻鱼共生系统的农业生态系统多样性十分丰富。按特定区域内农田生境调控的显著差异，可以分为水稻田农业生态系统、水旱轮作农业生态系统、保护地（塑料大棚和温室）农业生态系统；按农田作物的接续方式可以分为连作、复种（较少）、换茬式轮作；按农田上不同作物同时共存的结构类型可以分为单作（每种作物都是一类）、间作、作物与林果间作等。

　　"种稻养鱼"的生产方式和"饭稻羹鱼"的生活方式是中国传统农耕文化的重要组成部分，它不仅表现在"天、地、人、稼"和谐统一的思想观念、农业生产知识以及农业生产工具上，也反映到乡村宗教礼仪、风俗习惯、民间文艺及饮食文化等社会生活的各个方面。例如，田鱼的烹调技艺与田鱼干的加工制作等饮食文化是农业文化遗产保护的重要内容之一。田鱼可现杀、现烧、现吃，剖腹去脏后，勿洗勿去鳞，烹饪后的鲜田鱼味美、性和、肉细、鳞片软且可食。鲜田鱼的烹饪方法有红烧、糖醋、清炖等数十种。由鲜田鱼熏制加工制作而成的青田田鱼干是闻名中外的青田地道土特产，是青田人逢年过节、请客送礼的珍品。村里人女儿出嫁，有田鱼（鱼种）作嫁妆的习俗。又如，青田鱼灯舞作为青田最具地方特色的传统民间舞蹈，高度集中了民间舞蹈艺术、民间音乐艺术和民间手工制作技艺，其每逢节庆都会有演出。

（执笔人：唐建军、罗崎月）

互利共生的稻渔湿地

稻鱼鸭互利共生，鱼鸭粮共存共丰
——贵州从江侗乡稻鱼鸭复合系统

　　春天到好时光，布谷鸟叫催春忙；河边杨柳冒新芽，春耕时节播种忙，还未插秧我们早相聚，农忙到来各自上山岗。

——侗族大歌《布谷催春》

　　贵州省从江县地处云贵高原向广西丘陵山地的过渡地带，境内山多地少。在这里，长期生活着一个古老的农耕民族——侗族。侗族先民来自东南沿海山区的古百越族群，他们一直沿用着"饭稻羹鱼"式的火耕水耨农作，后辗转迁徙至贵州省、湖南省和广西壮族自治区交界地区定居。

　　侗族地区的稻田养鱼养鸭至今已有上千年的历史，"种植一季稻，放养一批鱼，饲养一批鸭"，侗族人一直都沿袭了这样的农业生产方式。在层峦叠嶂的大山里，勤劳的侗族人民用他们独特的智慧，利用好每一寸土地，使稻、鱼、鸭三者和谐共处，互惠互利，稻鱼鸭系统的耕作技术和方式也世代流传。2011年，从江侗乡稻鱼鸭复合系统被列入全球重要农业文化遗产保护地，2013年被列为首批中国重要农业文化遗产，其核心保护区之一的加榜梯田则被列为国家湿地公园。

每年谷雨前后，侗族人民劳作的身影就出现在从江县层层梯田的中间，犁田、耙田、施肥、栽秧，按部就班，有条不紊。前期的基础工作是后期获得丰收的保障，等到插秧十多天秧苗的根稳固后，鱼苗长到超过三四寸，其活动能力增强，田间秧苗长势返青，行间水稻叶片接近封行时，这时的水稻可为田鱼提供遮阴，稻田就开始放养20~25日龄、体重150~200克的雏鸭，每亩放20只左右。人们每次上坡劳动时就把早晨空腹不喂食的雏鸭用笼子挑到自家稻田里，让其自由活动，觅食害虫和杂草，起到防治虫害和除草的功能，待农活做完再挑回家。直到水稻收割前，稻、鱼、鸭可以在同一块农田里和谐共生120天左右的时间，至于什么时候在田里放养多大的鸭子，主要是基于稻的长势、鱼的大小和水的深浅来决定。人们有着丰富的饲养知识，能够确保鸭子对水稻和田鱼不构成生存威胁。

稻鱼鸭复合系统中物种作用原理与稻鱼共生系统颇为相似，但因为增加了鸭子的缘故，稻鱼鸭复合系统的效益要优于稻鱼共生系统。水面以上的水稻、长瓣慈姑、矮慈姑等挺水植物能够很好地为田鱼和鸭子提供遮阴环境，水稻还能为田鱼和鸭子提供丰富的饵料。而鱼和鸭可以有效控制稻田里的病虫草害，增加土壤有机质的含量，且鱼、鸭的活动扰动水层改善了水中氧气含量，可以减少甲烷排放。此外，稻鱼鸭复合系统还具有涵养水资源的功能，因为只有保证田间随时都有足够的水，才能保证鱼不死、稻不枯、鸭不渴。

贵州从江侗乡稻鱼鸭复合系统（罗均/摄）

从江稻鱼鸭复合系统还维持了丰富的生物多样性。一方面是侗乡人保留了多样化的水稻品种（老苟秧、苟秧当等）及许多当地的鱼、鸭品种，另一方面是稻田中有着丰富的水生生物，其周边的山林也是生物多样性的宝库。

从江侗乡稻鱼鸭复合系统中的水稻、杂草以及其他种类繁多的野生植物是系统的初级生产者，鱼类、鸭类、昆虫、各类水生动物（如泥鳅、黄鳝、螺、虾等）是系统的消费者，细菌和真菌是分解者。各个有机体之间确定了多种共生关系，占有不同的生态位，摄取各个层次的物质和能量，而系统通过围绕稻、鱼、鸭形成的较大的食物网形式来维持自身的生态平衡，便不需要使用化肥、农药等外部投入，田面种稻，水体养鱼养鸭，鱼粪鸭粪肥田，为人们展现了一幅稻鱼鸭共生、鱼鸭粮共存的良好和谐的生态画卷。

（执笔人：罗崎月、唐建军）

互利共生的稻渔湿地

稻田养殖禾花鱼，何止美味更智慧

——广西桂西北山地稻鱼复合系统

田家邀客启荆扉，时有村翁扶醉归。秋入清湘饱盐豉，禾花落尽鲤鱼肥。

——[清]蒋琦龄《咏禾花鱼》

当你走入桂林欣赏美丽风景的同时，当地人一定会邀请你品尝当地特色之一——禾花鱼。禾花鱼因长期放养在稻田内，食水稻落花而得名。禾花鱼通常养殖在海拔500米以上的山区，生长缓慢，鱼肉细嫩，骨软味甜。禾花鱼是当地有名的特产，以"全州禾花鱼""融水田鲤""三江稻田鲤鱼"为代表，体肥质美、蛋白质含量高，均被授予国家农产品地理标志证书。据说，乾隆皇帝巡游江南时吃到禾花鱼龙颜大悦，说道："禾花鱼肉嫩鲜美，武昌之鱼未能及也。"

这里的禾花鱼就来自位于广西壮族自治区西北部的桂西北山地稻鱼复合系统，覆盖了柳州市三江侗族自治县、融水苗族自治县，桂林市全州县，百色市靖西市、那坡县等5个县(市)中的59个乡镇。境内山多地少，以山地农田为主，面积近4万公顷。经过长期的生产实践，这里形成了垄稻沟养鱼、稻田坑沟养鱼、稻田深沟养鱼、田塘贯通养鱼和稻－灯－鱼－菇等多种生态循环农业种养模式。2020年，广西桂西北山地稻鱼复合系统入选农业农村部第六批中国重要农业文化遗产。

桂西北山地稻鱼复合系统展示了当地农民的聪明与智慧。首先，选择水源充足、水质清澈、没有受到污染、有良好排灌条件、田埂坚固的稻田；然后，加高夯实田埂，挖好鱼沟和鱼坑。放养鱼苗前，农民会用生石灰对稻田进行消毒和杀虫，再施足基肥。鱼苗在稻田插秧15天后放入田中，放养密度和饵料投喂都会由农民根据稻田的生态条件来决定。稻田里虽然有浮游生物等天然饵料，农民们依然会根据实际情况来决定是否投喂水草、浮萍等其他饵料。

桂西北山地稻鱼复合系统是一个完整的农田生态系统，拥有丰富多样的生态系统服务功能。

首先，桂西北山地稻鱼复合系统能够有效地保护生物多样性。桂西北山地稻鱼复合系统位于山区，周围生态环境保护良好。传统农业系统是一类依靠自身投入维持、连年种植作物并轮作倒茬的农业生态系统，所以对周围的生态环境的干扰程度并不大，生产出的水稻和禾花鱼能够与自然生态系统很好地融和，整个农田物种多样性和遗传多样性保护良好，系统中保留有大量的农作物传统品种，包括种类繁多的稻谷品种和地方田鱼品种（禾花鱼等）、昆虫及各类水生动物（如泥鳅、黄鳝、螺、虾等）。遗传多样性是农业生产力、适应力的基础，丰富的生物多样性有利于降低农田系统病虫害的发生，提高土地的肥力，减少化肥农药的外部投入，对农业系统可持续发展具有重要意义。有研究表明，种内遗传多样性通常在物种丰富的群落中趋于升高，而桂西北山地稻鱼复合系统相较于国内养殖群体维持了较高的遗传多样性。

其次，桂西北山地稻鱼复合系统很好地实现了水土保护与水源涵养的功能。桂西北地区降雨丰富，但是由于境内山多地少，水流由山上往下流，不方便留存。而当地农民因地制宜建设了大量的山塘、农田，起到了蓄水的作用，有效地保证了区域内的水量调节，使得夏季暴雨期的雨水得以储存，弥补了冬季枯水期的水量供应；生产过程中长年维护田埂，从而有效减少了径流产生的冲刷及其导致的土壤与肥力的流失。

最后，桂西北山地稻鱼复合系统能够促进土壤养分循

广西桂西北山地稻鱼复合系统（陈欣/摄）

环及病虫害控制。禾花鱼吃掉稻花，排出的粪便可以作为有机肥还田，从而增加土壤有机质的含量；鱼的日常活动有利于肥料和氧气渗入土壤深层，有深施肥料、提高肥效的作用，还可以松动根部泥土从而促进水稻根系发达和营养吸收；鱼的活动还可以减少甲烷排放，因为鱼能够消灭杂草和水稻下脚叶，从而大大影响了甲烷菌的生存环境，减少了甲烷的产生；鱼类也会以害虫为食，在养肥自身的同时，又保护水稻免受害虫的侵袭，增加稻谷产量，并且减少了使用农药可能造成的稻田环境污染。

桂西北山地稻鱼复合系统是一个优秀的具有多重生态功能的特色湿地生态系统，蕴含着多样的生态学知识和丰富的农民管理知识，向外界展示了广西美丽和谐的生态环境、因地制宜的稻鱼养殖技术、丰富多彩的稻鱼文化、独具魅力的少数民族风貌和广西人民的勤劳与智慧。

（执笔人：罗崎月、唐建军）

互利共生的稻渔湿地

虾稻多情水伴流，鲜香美味梦悠悠
——湖北潜江稻虾共作系统

坐卧兼行总一般，向人努眼太无端。欲知自己形骸小，试就蹄涔照影看。

——［唐］蒋贻恭《咏虾蟆》

长江与其最大的支流汉江在湖北省交汇，冲积成肥沃的"鱼米之乡"江汉平原。境内河流纵横交错，湖泊星罗棋布，地势地貌平坦，土壤疏松，雨热同期，农业生产条件良好，是湖北省重要的农业生产区域。近年来江汉平原因地制宜，大力发展稻虾特色产业，小龙虾的养殖面积和产量迅速增加，是稻田养虾的"黄金区"。

位于江汉平原腹地的湖北省潜江市，是稻虾产业的发源地，同时也是江汉平原"稻虾共作"模式最具代表性的地点之一。潜江地势低洼，逢雨易涝，不少地方是"水窝子"。据当地人回忆，以前低湖田有水排不出，一年只能种一季中稻，秋收以后不能冬播，收益很低，不少村民抛荒外出谋生。2001年，潜江农民刘主权率先尝试将野生小龙虾放到稻田里养殖，没想到小赚了一笔。养虾能挣钱的消息很快传播开来，抛荒的低湖田倒成了抢手货。后

湖北潜江稻虾共作系统（唐建军/摄）

来，在政府和农业部门的支持下，当地农民逐步探索出了"稻虾连作"模式，每年每亩田可收获"一稻一虾"。后来经过十多年的发展研究，在"稻虾连作"模式的基础上又开发出"稻虾共作"模式。

"虾出青禾下，唯期百万千"。所谓"稻虾共作"，是指以水稻种植为基础，并通过一定规模的田间工程改造，在稻田中养殖克氏原螯虾（以下简称小龙虾），在时间和空间尺度上充分利用稻田的浅水环境（光、温、水和生物资源），通过水稻和小龙虾的互补关系而形成的生态循环立体种养模式。具体而言，是在稻田中种植一季中稻并养殖两季小龙虾，在水稻种植期间使小龙虾与水稻在稻田中共同生长。

"丛丛水草隐环沟，几顷方田一叶舟"。为了保证稻虾共同生长，需要沿稻田田埂挖环形虾沟（一般3~5米宽、1.2~1.5米深），以保证水体交换和小龙虾进出。每年中稻收割前后（8至10月）会灌深水放种虾，第二年4月中旬至5月下旬收获成虾和虾苗，并把幼虾移至沟内生长。5月底至6月初整田、插秧，等水稻移栽、分蘖、晒田后灌深水，再把沟里的幼虾引回稻田里。8至9月可收获亲虾或商品虾。这样一来，四五月份收一季虾，八九月份又收获一季虾，当地人称作"一稻两虾"。

由早期"一稻一虾"向现在"一稻两虾"的转变，一只虾成为当地人增收致富的抓手，也树立了江汉平原现代农业的新标杆。"稻虾共作"模式克服了原有连作模式商品虾规格小、产量低、效益不高的缺点，解决了水稻种植和小龙虾养殖的茬口矛盾，有效提高了稻田的综合利用率，增加了稻田效益，受到农民的热烈欢迎。

"虾稻两相怜，薄田亦生金"。该模式的综合效益主要体现在农业增效上，实现了"一水两用、一田双收、稳粮增收、一举多赢"，有效提高了农田利用率和产出效益。但就生态效益而言，在这种模式中水稻和小龙虾互惠互利，水稻茂密的稻秆和稻叶是小龙虾的天然掩蔽物，为小龙虾提供了良好的栖息、取食和生长环境，防止鸟类等敌害生物的侵扰。与此同时，小龙虾可以为水稻除草，其粪便可以作为有机肥。小龙虾作为一种杂食性甲壳类动物，可以对稻田杂草和害虫进行扰动和取食，从而对稻田杂草（千金子、稗草、醴肠、异型莎草等）具有一定的减除作用，减少稻田农药喷施。

虽然稻虾共作具有很好的稳粮增收效果和显著的经

济、社会、生态效益，但由于其技术性强（预防小龙虾打洞、控制病害等），经营主体在生产过程中仍然面临着较高的风险。同时由于小龙虾和水稻收益差距大，应避免出现"重虾轻稻"的现象。

（执笔人：戴然欣、唐建军）

互利共生的稻渔湿地

稻熟江村蟹正肥，双螯如戟挺青泥
——辽宁盘锦稻蟹复合系统

稻熟江村蟹正肥，双螯如戟挺青泥。若教纸上翻身看，应见团团董卓脐。

——［明］徐渭《题画田蟹》

秋风凉，蟹脚痒。秋风一过，稻田边爬满了肥硕的田蟹，或蒸或煮，或膏或黄，惹人垂涎欲滴。

稻田养蟹，便是冷凉的北方稻作区里一道美丽的风景。在冷凉的东北稻作区和宁夏引黄灌区等地，秋风一过，美味无比的河蟹便上了百姓的餐桌，不禁令人大块朵颐。

养蟹稻田应选择环境安静、水源充足、水质良好、无工业污染、进排水方便和保水性强的田块。土质要求以前未被传染病病原体污染过，具有良好的保水、保肥和保温的能力，还要有利于浮游生物的培育和增殖，土质要肥沃，以壤土为好，黏土次之。养殖水源是养殖的重要条件，要求上游没有污染源，水的盐度在2以下。

养蟹稻田以6~20亩为一个养殖单元为宜，大小须方便管理和能够满足河蟹生长要求。养蟹稻田应于距田埂内侧60厘米处挖环沟，环沟上口宽100厘米，深60～80厘米。按照国家规定的标准，环沟面积应严格控制在稻田面积的10%以下。

为了蟹在田里更加安全地生存，应选择临近水源的稻田、沟渠，按养蟹面积的10%～20%修建暂养池。暂养池设在养蟹稻田一端，或用整格的稻田，每亩稻田放1～2千克大眼幼体，水深20～30厘米。暂养池四周应设防逃墙，进水前每亩按200千克施入发酵好的鸡粪或猪粪，进水后耙地时翻压在底泥中，农家肥不但可以做水稻生长的基肥，而且还可以孳生淡水中的桡足类和枝角类作为幼蟹的优质饵料。耙地两天后每亩施入50千克生石灰清塘（注意暂养池和一般养殖池的区别是暂养池绝对不能投施除草剂），插秧后向暂养池内放入一些活的枝角类培养，作为蟹苗的基础饵料。有条件的地方最好移栽水草，有许多种类水草是河蟹良好的植物性饵料，如苦草、马来眼子菜、轮叶黑藻、金鱼藻、浮萍等，甚至刚毛藻对河蟹的栖息和觅食也有益处。水草多的地方，各种水生昆虫、小鱼虾、螺蚌蚬类及其他底栖动物的数量也较多，这些又是河蟹可口的动物性饵料。

因为田里有蟹，所以农事管理中不得使用有机磷、菊酯类、氰氟草酯、恶草酮等对河蟹有毒害作用的药剂。在严格控制用药量的同时，应先将田内水灌满，用茎叶喷雾法施药，用喷雾器将药物喷洒在稻禾叶片上面，尽量减少药物淋落在田内水中。用药后，若发现河蟹有不良反应，应立即采取换水措施。施药时，应避开河蟹脱壳高峰期。

"大垄双行、早放精养、种养结合、稻蟹双赢"的稻蟹综合种养技术模式，又被称为"盘山模式"。水稻种植

辽宁盘锦稻蟹复合系统（李晓东/摄）

采用大垄双行、边行加密的方法，施肥采用测土施肥的方式，根据土壤特点制定施肥方案并将肥料一次性施入，病害防治采用生物防虫技术方法，养蟹稻田水稻不但不减产，还可以增产5%～17%；而且养蟹稻田光照充足、病害减少，减少了农药化肥使用，能够生产出优质蟹田稻米。河蟹养殖采用早暂养、早投饵、早入养殖田和加大田间工程、稀放精养、测水调控、生态防病等技术措施。河蟹可食蚜虫卵及幼虫，不用除草剂便能达到除草和生态防虫害的效果，同时河蟹粪便又能提高土壤肥力。稻蟹复合系统养殖的河蟹规格大、口感和质量好、价格高。稻田埝埂上再种上大豆，稻、蟹、豆三位一体，立体生态，并存共生，使土地资源得到充分利用。

稻田养蟹，蟹稻共生，互利互惠，保粮增收。在稻田中养殖河蟹，稻蟹互生共利，充分地利用了稻田水域的生产力，将其转化为河蟹产量的同时，对水稻产量不但不产生影响，而且还改善了稻田土壤状况，提高了水稻的品质，节省了成本。这一农业生态模式的可行性已为理论和实践所证明。

（执笔人：唐建军、李晓东）

互利共生的稻渔湿地

稻花香里说丰年，听取蛙声一片

——上海青浦稻蛙复合系统

> 明月别枝惊鹊，清风半夜鸣蝉。稻花香里说丰年，听
> 取蛙声一片。七八个星天外，两三点雨山前。旧时茅店社
> 林边，路转溪桥忽见。
>
> ——［宋］辛弃疾《西江月·夜行黄沙道中》

宋代辛弃疾描述的是我们南方稻区最常见习闻的景象——预示着即将到来的丰收景象的漫村遍野稻花香，以及群蛙在稻田中齐声喧嚷争说丰年的景象。

稻田里的青蛙需要我们去保护，因为青蛙能捉害虫，是农民的朋友。这是许多人固有的常识，也是小学课本和科普读物上曾经的内容。在20世纪80年代以前出生的人，都还清晰地记得儿时村里炊烟飘起、暮色沉暗以后田里沟边的蛙鸣，以及手电筒照射下躲在稻丛中的青蛙的憨呆模样，也更知晓，这些憨态可掬的青蛙们动静之间，为农业的丰收做出了不可磨灭的贡献。

然而，曾几何时，农村的蛙鸣声开始消失，田里沟边再也难见蝌蚪。尤其是20世纪80年代以来，广大农村的许多地区，水稻依然种植，然而"稻田卫士"难觅。稻田缺少了这批不需要支付工资的稻田卫士，稻农们开始面对不时大爆发的作物害虫。

农用化学品已成为中国水稻生产中必不可少的生产资料。除草剂、杀虫剂、杀菌剂、生长调节剂等化学农药和化肥等农用化学品的大量使用，不仅会引起稻田氮、磷等营养元素的流失，产生严重的农业面源污染，还会导致对人体健康和包括农田生物多样性在内的生态系统的危害。

农用化学品使用多了，不仅杀死了杂草和害虫，青蛙和蜻蜓及蜘蛛等益虫也被一股脑儿地清除了。没有了这些益虫，害虫暴发的频率越来越高，危害程度越来越大，农药使用频度和施用量也不得不随之"水涨船高"。农药用得越多，益虫剩得越少，益虫对作物的保护就越加式微，这完全是一个"恶性循环"。农田生态系统稳定性及抵抗病虫草害的能力不断弱化，农业生产成本越来越高，农产品中的农药残留风险不断增加，农产品卫生安全系数不断下降，人民健康和生态系统健康遭遇前所未有的压力。

青浦稻蛙复合系统是在种植水稻的同时引入蛙类，使其互利共生，并共同构成一个较完整的稻田生态系统，不光实现了种养结合的协同发展，提高了稻田资源综合利用率，生产安全稻米产品并增加经济效益，同时也保护了农业生态环境。该模式重视施用有机肥和生物农药，化肥和化学农药"双减"幅度达30%以上，有效控制了农业面源污染。通过对生物资源如动物、植物、微生物有效调控和利用，构建稻田生态系统的生物多样性，实现了水稻生产的经济、生态和社会效益的统一。

稻蛙种养生态农业模式不但为大众提供了绿色、有机蛙稻米，养殖的青蛙也可进一步丰富居民膳食种类和满足多元营养需求。获得养殖许可的农业企业，可以把优质稻和蛙肉提供到市场。浙北稻黑斑蛙养殖实践表明，六月初投放幼蛙，八月中旬左右即可出售商品蛙（大于30克）。如果每平方米投放驯好食的幼蛙20只左右，存活率可达80%，商品蛙亩产约450千克，稻米亩产约400千克，加工成大米亩产约300千克，按照商品蛙售价40元/千克，有机蛙稻米售价15元/千克计算，产值22500元/亩，利润约9500元/亩。

在稻蛙复合系统中，害虫是蛙类的天然诱饵，蛙类的粪便等排泄物为水稻提供丰厚的有机肥料，而水稻形成的

上海青浦稻蛙复合系统（曹林奎/供）

遮阴浅水层田地则为蛙类提供了一个良好的生长和栖息场所。蛙类已成为南方多省颇具潜力的水产养殖品种之一，稻蛙养殖模式具有生态、立体、高效等特点，有利于生态环境保护和农民增产增收。

（执笔人：唐建军）

互利共生的稻渔湿地

（闵庆文/摄）

　　说到湿地，人们一般都会认为它位于水分易于汇聚的低洼地带，但在中国南方水源比较丰富的山地丘陵地区，却分布着规模宏大而历史悠久的稻作梯田。这些人工湿地景观，不仅为当地人解决了食物与生计问题，还因获得世界文化遗产、全球重要农业文化遗产、世界灌溉工程遗产、国家湿地公园等桂冠而享誉世界。

享誉世界的梯田湿地

人地和谐——农业湿地

天人合一，大地雕刻
——云南红河哈尼梯田

哀牢山里风光妙，十里难同四季天。千亩梯田如篆刻，万阶阡陌隐云烟。先民智慧神奇显，原始生态亘古延。顺利申遗天下晓，天人同律不虚传。

——罗松《七律·哈尼梯田》

云南红河哈尼梯田分布于云南省红河哈尼族彝族自治州的红河、元阳、绿春和金平四县，面积约700平方千米，不仅是全球重要农业文化遗产、世界文化遗产，还是国家文物保护单位、国家湿地公园，周边有国家或省级自然保护区，其内有多个中国传统村落，而且还有多项国家级或省、州、县级非物质文化遗产。

说到"云海翻腾三百里，梯田激荡九千台"的红河哈尼梯田，大家往往首先会想到位于元阳县的哈尼梯田，并为它留下了诸如"世界上最美的梯田之一""雕刻在大地上的艺术珍品""哈尼族人世世代代留下的杰作""人间仙境，世界奇观""规模宏大，气势磅礴"等等精彩评价。可谁又能想到这样一个雕刻在大地上的精美艺术品一开始只是为了哈尼族人的生计而修建；这如画美景不只单独存在于元阳县的坝达、多依树和老虎嘴三个片区约3万公顷的世界文化遗产核心区里，而是如挥毫泼墨般洋洋洒洒书写于红河南岸的元阳、红河、绿春、金平四县之中；不仅是农业生产场所和堪称大地雕刻的艺术品，还是具有保护生物多样性价值的国家湿地公园。

这一切故事的开始，源自一座古老而沉默的哀牢山，以及一群辛勤耕耘的大山子孙。自有史可查的隋唐时期开始，来自不同地方、有不同生活习性的各族同胞，在不同的历史时期，穿梭、耕耘于哀牢山区，至今已有1300多年。沉默幽深的大山，辛勤耕耘的人民，1300年的时光，7万公顷的梯田，共同组成了一幅壮美的画卷，成为我国农业文明中人与自然相依相融、和谐发展的典范。那沉默的大山，本没有这些梯田，但梯田存在却又为大山增添了一块富有动感的"肌理"，这一块"肌理"则代表着当地的生产、生活和文化的历史。这一刻，改造与被改造的哲学命题，再次让人陷入沉思。

作为一种人工湿地，哈尼梯田提供了多方面的生态系统服务。一是为各类生物提供了繁殖和栖息地。在哈尼梯田国家湿地公园内，记录到鱼类23种、两栖动物23种、大型底栖动物29种、主要水生昆虫46种，是整个哀牢山内生物多样性较高的地区之一。二是具有粮食生产功能。哈尼梯田在明清时期就有云南"东部粮仓"的称号，而且还持续供给着肉蛋、蔬菜等农副产品。三是在调节局地气候、减轻旱涝灾害、保持水土和净化水质等方面作用显著，不仅成功抵御了西南地区的干旱，还因为将原本的坡地改为台地梯田，减小了水势，在水田中保持了大量土壤和营养物质。四是提供着文化和景观服务，当下更是吸引

神秘的哈尼梯田（刘澄静/摄）

着大量游客纷至沓来。

　　而哈尼梯田湿地形成和发展的条件中，除了以哈尼族为主的各民族的非凡智慧和辛勤耕耘，还有哀牢山本身自然环境的支持：一是哈尼梯田作为一种人工湿地，其存在的根本在于水，即要有水且能保水；二是哈尼梯田作为稻田，水稻的生长发育需要适宜的土壤，即土壤要适宜；三是哈尼梯田作为当地民族的生计手段，水稻的产量需要有保证，即土壤要有肥力。而在哈尼梯田所在的哀牢山区，地处热带、亚热带季风气候区，年均降水量在1500毫米以上，降水充沛，梯田灌溉水源充足；当地土壤的含沙量较高，不利于蓄水，但通过"三犁三耙"的耕作方式，梯田渗水问题得到了有效解决；当地以红壤、黄壤为主的自然土壤也在水耕熟化作用下，成为适宜水稻生长的水稻土；而肥力不足的问题，则通过"冲水肥田"的方式，将农家肥沿着沟渠流淌入梯田当中得以解决。如此往复，梯田得以不断修建、扩大，梯田生态系统得以不断完善发展，哀牢山的山水成就了哈尼梯田湿地，哈尼梯田湿地也丰富着哀牢山的"肌理"。

在四季轮转的时光中，总有一些人忙碌在哈尼梯田中，播撒着稻种、倒退着插秧、呵护着稻苗、挥舞着镰刀、守望着水面。农闲时，老人们坐在火塘旁边，抽着水烟筒，在低声沉吟着："我们一辈子在大山里种田，不知道外面的样子……梯田是老祖先一代代开垦出来的，是祖先留给我们的遗产。我们不会放弃这片梯田，因为这是我们的根……"

（执笔人：刘澄静、角媛梅）

享誉世界的梯田湿地

朝培夕溉，润泽千年
——湖南新化紫鹊界梯田

两山相抱作凹形，带带瑶民聚此耕。峛级梯田如铁塔，一冲夏夜响蛙声。幽幽古峒秦而汉，落落孤村宋又明。王镜高擎辉日月，千秋惠泽润苍生。

——杨桂芳《七律·新化紫鹊界瑶人冲梯田》

湖南新化紫鹊界梯田（以下简称"紫鹊界梯田"）位于湖南省娄底市新化县境内，面积约128.53平方千米。梯田所在地区以中低山丘陵为主，主要集中分布在水车镇的楼下、白水、龙普、石丰、金龙、正龙、金竹、白源、长石等村，区域内最高海拔1585米，最低海拔361米，相对高差达1000米。站在山顶，放眼望去，可以看到层层叠叠的梯田在茫茫山坡上排列，层次分明，气势恢弘，因此，这里被誉为"梯田王国"。

谈起紫鹊界梯田，人们不仅会想到万亩梯田装饰下的梅山胜景，还有它"石罅泉流总不干，千秋万代自潺潺"的灌溉系统。近些年，紫鹊界梯田先后被评选为国家自然和文化双遗产、国家级风景名胜区、国家水利风景名胜区、国家AAAA级旅游景区、中国重要农业文化遗产、

紫鹊界梯田风光（梁洛辉/摄）

首批世界灌溉工程遗产，并与广西龙胜龙脊梯田、福建尤溪联合梯田和江西崇义客家梯田同以中国南方山地稻作梯田被列为全球重要农业文化遗产；这些成就给这片土地增加了更多的神秘色彩。

　　紫鹊界梯田属于古梅山的核心区域，是苗族、瑶族、侗族等少数民族的杂居之地，自古以来就有"天下大乱，此地无忧"的说法。相传，最早来此地开垦者，只是想着借助大山的险峻来躲避战乱，开垦梯田也是为了延续族群、繁衍生息。后来，随着人口大量迁入，山区耕地面积大幅增加，苗族和瑶族先民凭借着靠山吃山的智慧和愚公移山的精神，证明了在山高坡陡、贫瘠闭塞的大山里也能生生不息。如今，这里的人们依然保存着许多民族习俗，形成了苗、瑶、侗、汉等多民族相互融合的梅山文化。

紫鹊界梯田区属亚热带季风气候区，降水时空分布不均，夏末秋初时节常常会出现旱灾，但神奇的是，在整个广阔地域上，虽然没有池塘和水库，但山上的水稻年年丰收。这主要是得益于其自身的灌溉系统。紫鹊界梯田自带一套优秀的灌溉体系，该体系主要分为蓄水工程、灌排渠系和控制设施三大部分：其中，蓄水工程是指在紫鹊界整个梯田区域内有80%的基岩为花岗岩，水难以往下渗，加上地表为沙土，吸水性能好，在下雨的时候，能够在地下储存大量的水源，即使在缺水的季节里，水稻梯田也能通过岩石裂隙源源不断地获取水源；灌排渠系是指由溪流水经输水渠送到梯田区，由于灌溉单元都不大，输水渠道的长度、断面和流量都很小——当地管这种渠叫"毛圳"——从而保障了每块梯田的用水。控制设施是指除了自然安排的条件之外，这里的农民还因地制宜通过刻木分水、刻石分水等简易的控制设施实现有效的控水管理。依靠其独特的灌溉体系，紫鹊界梯田从刚开始的几亩发展到今天的十几万亩，"自流灌溉入云霄，旱涝无灾乐丰年"是其最好写照。国家水利专家将其评价为"世界水利灌溉工程之奇迹"。正是在自然与人文的智慧相结合下，这片神秘的地方留下了天人合一的千古绝唱。

紫鹊界梯田具有重要的价值与功能。一是通过水稻种植、稻田养鱼、稻田养鸭等方式提供了粮食产品、水产品和林业产品，养育着一代又一代的梅山儿女；二是孕育了许多珍贵的野生动植物资源，生物多样性十分丰富，在紫鹊界湿地公园区域内，仅植物就有933种，其中有11种是国家二级保护野生植物；三是立体生态系统对于涵养和调蓄水资源具有重要作用；四是区域内自然和人文融合的独特景观以及独特鲜明的四季景色，使其具有极高的美学价值；五是具有深厚的历史与文化，其中最重要的代表就是梅山文化。

延续千年，四季轮转，不变的是这里的人仍保留着传统的梯田修建与维护、水稻种植、地力维持、病虫害生态防治等技术。今天，蕴含着深刻人地协同理念的紫鹊界梯田，依然作为我国多民族千百年以来共同创造的农业文化遗产在这片土地上延续。

（执笔人：张兆年、角媛梅）

享誉世界的梯田湿地

高山水淼，风光旖旎
——江西崇义客家梯田

> 春播朗霁露晨曦，崇义梯田最美时。岭拂熏风清肺腑，牛犁澍雨上天梯。千畴鳞叠农耕苦，四季轮回景象奇。梦想生花终破茧，客家遗产焕生机。
>
> ——温家广《七律·崇义客家梯田》

在江西、湖南、广东三省交界处，耸立着一座山顶常年被云雾笼罩的高山，这就是被誉为赣南第一高峰的齐云山。山坡上有一道奇观，层层叠叠好似玉带环山系，波光粼粼如同碎镜撒山间，曲线高低错落，优美流畅。这就是被誉为最大客家梯田的江西崇义客家梯田，它横跨了上堡、丰州、思顺三个乡，仅上堡境内就有3万多亩。而且崇义客家梯田落差极大，梯田最高海拔1260米，最低海拔280米，垂直落差近千米，远远看去壮美秀丽。

这样的奇观当然不是短时间内建成的，而是世代客家先民一点点开拓出来的。据史料记载，南宋时崇义客家梯田已存在，明清时期大规模扩建，至清末基本形成了现在的规模，距今有800多年的历史。

为何客家先民会不辞辛劳地在山上筑田耕作呢？这就

要从一个传说讲起。相传，上堡以前是个没土没田的穷乡僻壤，有两个疯癫客路过，见当地人淳朴憨厚，便将茶碗、饭碗叠在一起，说道"一层山一层田，吃得上堡人成神仙"，又把水倒在酒糟上，说道"上堡，上堡，高山顶上水淼淼"。第二天，疯癫客不知所踪，但人们眼前出现了满山如梯子一样的水田，从此梯田成了当地人的生存之本，疯癫客的两句话也成为当地流传至今的民谣。

　　表面上看，因为当地人善良好客，仙人便将梯田作为回报赠予他们，实际上这个传说字里行间透露出的是当地人的勤劳与智慧。崇义县山脉纵横，群峰连绵，山高且坡陡，不能像平原地带开垦大片农田，于是聪明的崇义人筑起一层层梯田，把山坡变成一层层一块块小小的"平地"，在"平地"上种植水稻。由于每一块梯田面积很小，大多数都是仅能种一两行禾苗的"带子丘"，因此当地人戏称这种碎田块是"青蛙一跳三丘田"。光有田还不够，还要有水，"高山顶上水淼淼"说的就是山顶茂密的森林和竹林可以涵养水源。当地人将梯田开垦在半山腰以下，保留了山顶丰富的植被，不仅充分发挥了良好的纳水功能，还能防止水土流失。山上充沛的水资源通过渗水的方式从人工水渠流入半山腰的梯田和山脚下的村庄，汇成溪流，地面水体的蒸发作用又使水汽上升，形成降雨回到地面，形成一个完整的水循环。整个过程中包含了森林、水域、农田和村落等多种生态子系统，构成了崇义客家梯田庞杂的"森林/竹林－梯田－村落"湿地生态系统，既供应了梯田水利灌溉，又保证了人们生活用水，使崇义客家梯田得以世代延续，生生不息。

　　作为一个结构复杂的人工湿地，崇义客家梯田拥有丰

享誉世界的梯田湿地

仙境般的崇义客家梯田（崇义县农业农村局/供）

富的生物物种。光是水稻，当地人就根据不同海拔地带的土壤气候条件，培育出94个品种，至今还在种植的就有13个品种，成为重要水稻品种资源。梯田里及其周边地区的野生动植物种类更是数不胜数，加上多样的种植模式和景观布局，有利于控制病虫草害的发生，减少农药除草剂等的施用，这对当地的农业可持续发展具有重要意义。此外，崇义客家梯田系统还具有调节局地气候、观光旅游等多种功能。可以说，崇义客家梯田是先民留给我们的重要遗产。2014年5月，江西崇义客家梯田因其在农业、生态、景观、文化等方面的重要价值，被农业部（现农业农村部）认定为中国重要农业文化遗产。2018年4月，崇义客家梯田作为中国南方稻作梯田的组成部分入选为全球重要农业文化遗产；2022年10月，崇义上堡梯田成功入选《世界灌溉工程遗产名录》。

崇义客家梯田系统已经进入全新的发展阶段，相信在不久的将来，它能够进一步发挥资源优势，续写出更加美丽的传说。

（执笔人：梅艳、闵庆文）

享誉世界的梯田湿地

梯田原乡，金坑龙脊
——广西龙胜龙脊梯田

> 七星伴月展奇观，虎卧龙眠八面山。大壮梯田涛浪卷，稻接天，一半儿深黄一半儿浅。
>
> ——于海洲《［仙吕］一半儿·广西龙脊梯田》

世人都知"桂林山水甲天下"，其实，"甲天下"的不只有清幽的漓江和秀美的峰林，在桂北还存在着一处人间仙境，在群山中默默地散发着魅力，这就是广西龙胜龙脊梯田。

广西龙胜龙脊梯田位于广西壮族自治区桂林市龙胜县，面积约237.70平方千米，是全球重要农业文化遗产——中国南方稻作梯田的重要组成部分。梯田地处南岭山区，群山环峙，五水分流，由于山势蜿蜒如龙脊，因而得名龙脊梯田。从远处观望，层层叠叠的条带状梯田，就像是龙背上的鳞片，每当落日余晖撒下，这金光便会赋予它更深层次的生命力。

龙脊梯田主要分布在龙脊寨、平安寨、中六寨、田头寨、大寨、小寨等村寨，其中，平安壮寨梯田、龙脊古壮寨梯田和金坑红瑶梯田三大片区为其核心区域。区域内最

龙脊梯田景观（角媛梅/摄）

高海拔1902米，最低海拔249米，从河谷到山巅，在相对高差1000米、高低起伏的山上，梯田最多可达1100多级。从上往下看，层层叠叠的梯田，如条条水带从天而降，尽显它的磅礴气势。而从下往上看，龙脊梯田就好比是直砌云霄的天梯，极其壮观。

在龙脊梯田地区，山、水、林、田、人根据山地环境特征，都找到了自己合适的位置：森林植被分布在山顶，只为能储蓄更多的雨水；村寨在中，使这里气候温和、阳光充足；梯田在下，方便农民浇灌与管理，给予更多的呵护；水源贯穿其中，默默地贡献自己的力量。这里一年四季呈现出不同的景观：春天，水满田畴，万物复苏；夏至，嘉禾吐翠，一碧千里；金秋，稻穗沉甸，金色涟漪；隆冬，银装素裹，美如画卷。

有人称龙脊梯田为"世界梯田原乡"，不仅是因为它的"外在"，还在于它的"内在"。据史料记载，龙脊梯田最早是在元代开始修建，距今有800多年的历史。相传龙脊梯田与紫鹊界梯田有着深厚的历史渊源，在紫鹊界开垦梯田的苗族、瑶族先民，由于不断受到征伐，一部分人逃到此，修筑了龙脊梯田。壮族和苗族、瑶族的先民们充分发挥他们的智慧和拼搏精神，世代相继，使一个又一个原本森林密布的山坡化为层层叠叠、直上山巅的梯田群落。漫漫岁月后，时至今日，如今的人们已经很难想象出，来此开垦第一块梯田的龙脊人是多么伟大的艺术家。

水是梯田的命脉，水的管理与利用则充满着智慧。它以一种特殊的方式将森林、村寨和梯田相连，人们习惯地将这种生态系统称为"四度同构"。目前，龙脊梯田依然采用的是原始的满灌灌溉方式，从海拔最高处的第一级梯田到最低处的最后一级梯田，水一层一层往下溢，即使是最低处的梯田也不会因灌溉而担忧。然而，此处并没有水利工程。龙脊梯田所在地区属亚热带季风气候区，气候温暖、雨量充沛，（每年的5月至8月为龙脊梯田的丰水期），湿热的气候以及大量的雾气，为这个地区提供了充足的降水。位于山顶的森林植被则被赋予了储存水源的重要责任。良好的森林植被不仅肩负着涵养水源的重要责任，保障了梯田生产用水和人类生活用水，而且具有良好的水土保持效果，有效改善了坡地地区水土流失问题。这里的岩石主要是泥岩、粉砂岩、页岩和板岩，其保水性虽然不如花岗岩，但风化后形成的粉质黏土和黏土由于土质黏重，也能够储存大量水源，并且不易造成梯田水土流失。众多岩石裂隙被赋予了分配水源的功能，从而保证储存在土壤及植被下的水能够顺利到达每一块田地。

作为一种人工湿地，龙脊梯田生态系统服务功能显著。区域内森林覆盖率高达80%，不但保障了水稻、鱼、蔬菜等许多特色农副产品生产，而且为人类和野生动植物提供了繁衍生息地。据调查，龙脊梯田仅名贵植物就有30种，水稻品种12个；珍贵动物31种，其中有2种是国家一级保护野生动物，还有29种国家二级保护野生动物。作为多民族聚居区，这里的多民族的传统节日、传统习俗以及各种传统经验而形成的共同的思维和行为方式，使包括农耕技术、家族观念、宗教信仰、风俗习惯等在内的民族传统文化得以延续。

（执笔人：张兆年、角媛梅）

享誉世界的梯田湿地

方塘半亩，耕读传家
——福建尤溪联合梯田

> 朝天朝地垦梯荒，祖辈披荆筑谷仓。曲埂盘旋铺画卷，银锄起落播诗行。青波十里欢歌唱，金波千层笑语扬。云海山屏如梦境，悠悠古韵世流芳。
>
> ——李廉德《七律·福建尤溪联合梯田吟》

福建尤溪联合梯田位于福建省三明市尤溪县，面积约103.18平方千米，是全球重要农业文化遗产——中国南方稻作梯田的重要组成部分。

说到尤溪联合梯田，就不得不想起出生于尤溪县的南宋大儒朱熹在《观书有感》诗中所写："半亩方塘一鉴开，天光云影共徘徊。"据说，这首诗最初的灵感来自朱子出生地尤溪郑氏馆舍内其父朱松题写的："清晓方塘开一镜。"

尤溪联合梯田的美景，何尝不是"方塘一镜（鉴）"呢？驻留在这一块块的半亩方塘中，看着流转千年的"天光云影"，不禁会使人产生一种"逝者如斯"的感叹。或许这正是受"千年古县，朱子文化"潜移默化影响下的联合梯田的魅力所在吧。相比于江西崇义客家梯田、湖南新化紫鹊界梯田和广西龙胜龙脊梯田三个中国南方稻作梯田，尤溪联合梯田分布的海拔较低，大部分梯田海拔处于1000米以下，且坡度较缓，其中坡度大于25度的陡坡梯田仅占11%，这使得尤溪联合梯田少了几分隽美秀丽、原始神秘和气势磅礴，却多了些采菊东篱、归园田居的闲适与安逸。这或许是尤溪联合梯田能够成为"中国五大魅力梯田"之一的原因吧。

素有"八山一水一分田"之称的福建闽中地区，"山多地少、地狭人稠"。据史料记载，尤溪联合梯田始建于西晋，兴建于唐，发展于宋，距今最长已有1700多年的历史。至少从宋朝开始，随着人口的大量增加，尤溪人便开始大规模的依山修筑梯田。千年以来，梯田面积已超过万亩，最终形成了这片散布在金鸡山区，地跨联合、联东、联南、联西、东边、连云、云山和下云等8个行政村的"万亩梯田"。这些在金鸡山的崇山峻岭、沟沟坎坎中连绵延伸的梯田，虽是大小不一、错落有致，但最大的也不过一亩左右，真应了那句"半亩方塘一鉴开"。

尤溪联合梯田已存在千余年，现今依然生机勃勃。其秘密在于尤溪人创造性地将中原农耕文化与闽中自然环境相融合，形成了一整套完善的梯田建造和管理维护制度，以及"耕读传家"的耕作和管理理念。在自然环境方面，闽中地区属于亚热带季风气候区，降雨量高达1600毫米，梯田水源充足；梯田分布的海拔较低，年平均气温为17.7℃，高于崇义客家梯田、新化紫鹊界梯田和龙胜龙脊梯田，较好的水热条件保障了尤溪梯田水稻的生长。在梯田耕作和管理方面，尤溪联合梯田的"竹林－村庄－梯田－水流"山地垂直体系则高效地实现了稻田湿地水源的

联合梯田景观（闵庆文/摄）

涵养与调节功能，而不同海拔的轮作制度则保证了湿地生产力的可持续发展。

时至今日，尤溪联合梯田不仅为当地人提供了丰富的农产品，还为各类生物提供了生长地、繁殖地和栖息地。这里有200多种水生植物和105种水生动物，物种多样性和基因多样性丰富。此外，尤溪联合梯田湿地在气候调节、土壤肥力保持、水调节和环境净化方面功能显著，同时还具有重要的文化传承和美学功能。

尤溪联合梯田的建造者多为从长江以北迁移到此的汉族，后在"朱子文化"的浸润下，拥有了更为厚重的历史

文化底蕴。尤溪联合梯田湿地作为汉族山地农耕文明的代表，是尤溪先民在传统儒家文化的指导下，开发自然环境，实现人与自然和谐相处的一大创举，具有厚重的农耕历史文化底蕴和积淀。可以说，尤溪联合梯田湿地是我国最具文化气息的农业湿地之一。

（执笔人：刘澄静、角媛梅）

享誉世界的梯田湿地

（闵庆文/摄）

仅由于自然的作用，在河滨、湖滨、海滨以及三角洲等地区形成的是"天然湿地"。纤过漫长的岁月，人们把这些天然湿地改造成为适宜于生活、生产的场所，又保留了湿地的生态属性。这些凝聚人类生态智慧的创造，已经成为"美丽中国"的象征。

适应自然的圩田湿地

人地和谐——农业湿地

鱼桑相会，传承千年
——浙江湖州桑基鱼塘系统

> 桑基鱼塘，世间生态循环之和谐；绿水青山，怀拥天人合一之神明。至若春敷秋落，夏茂冬零。感天地之无尽，悟阴阳之有情。天工开物，造化毓灵。桑鱼同存互养，共享生态平衡。先民智慧，流传远久，连绵不绝，利用厚生。
>
> ——摘自石风《桑基鱼塘赋》

提起浙江湖州，大家会想到"鱼米之乡""丝绸之府"。鱼和丝绸是如何走到一起的呢？这就要从湖州桑基鱼塘系统里找答案了。

湖州桑基鱼塘系统是种桑养蚕同池塘养鱼相结合的一种农业生产模式，它的形成与当地自然条件有很大关系。太湖流域因地势低洼，水网纵横，农田需要用防水的堤围起来，而挖塘养鱼则较为方便。所以，湖州先民充分发挥聪明才智，因地制宜，逐步将种桑养蚕与池塘养鱼结合起来，最终变短板为优势，形成了桑基鱼塘生态系统模式。

早在春秋时期，种桑养蚕已经是吴越地区非常重要的

浙江湖州桑基鱼塘系统（闵庆文/摄）

产业，到五代时期有明确记载，吴越国大力推广河、湖、塘淤泥肥稻、肥桑树技术，从而初步形成了桑基鱼塘生态系统模式。明清时期，因为池塘养鱼成本低，效益高，桑基鱼塘得到迅速发展，并流传至今。时至今日，和孚和菱湖两地仍然有近6万亩桑地和近15万亩鱼塘，是我国桑基鱼塘分布最集中、面积最大、保留最完整的区域，也是全球重要农业文化遗产——湖州桑基鱼塘系统的核心区域。

湖州桑基鱼塘系统的运转模式可以概括为"基上种桑，桑叶喂蚕，蚕沙养鱼，鱼粪肥塘，塘泥壅桑"，这其中包含了种桑养蚕、养蚕养鱼、鱼塘立体养殖、鱼塘桑基4个子系统，而人的参与将这4个子系统串联起来形成完整循环，上一级生成的污染物会成为下一级的生产原料，使循环中的物质得到多级利用，对环境基本"零"污染，为保护太湖及周边的生态环境，以及经济的可持续发展发挥了重要作用。

作为跨越数千年、至今仍然在发挥作用的传统农业系统，湖州桑基鱼塘的传统生产方式的生产效率可能已经比不过现代农业技术，但它在生态服务和文化服务方面具有现代农业生产系统所不具备的价值。

作为一类特殊湿地，湖州桑基鱼塘具有丰富的农业生物多样性，光是养殖鱼类就有20余种、桑树品种近20个、蚕10余种，还有数十种蔬菜作物和养殖动物，野生动植物更是数不胜数。同时，由于太湖流域易发生洪涝灾害，桑基鱼塘系统形成过程中，当地先民通过修筑"纵浦（溇港）横塘"水利排灌工程进行水资源管理。在雨季，洪水会被逐级分解到"横塘"中进行"蓄水"，同时通过与横塘垂直的"浦（溇港）"将多余的水排入太湖，防止涝害；旱季，则通过"浦（溇港）"将太湖水引入系统区域，预防干旱，实现了水资源的时空调节。此外，在调节局地小气候、生物固碳、水质净化等方面，湖州桑基鱼塘系统也发挥了它的作用。

长期的桑基鱼塘生产模式孕育了湖州的蚕桑文化和鱼文化：当地人心目中的蚕神不是嫘祖而是蚕花娘娘，并流传着"马头娘"的凄美传说；清明节，当地人还要祈蚕花；渔民在过年前后捕鱼结束会吃"鱼汤饭"，庆祝渔业丰收；时至今日，湖州人每逢节庆宴请，最后一道餐必定是全鱼，寓意"年年有余"。

正因为能够与环境长期协同进化、动态适应，具有丰富的生物多样性且满足当地社会经济与文化发展的需要，湖州桑基鱼塘系统于2014年和2017年先后被认定为中国重要农业文化遗产和全球重要农业文化遗产。

申遗成功后的湖州桑基鱼塘系统，在保护中开发利用，向休闲农业、文化教育等方向发展：将桑基鱼塘生态景观与古村落人文景观相结合，开发集生态旅游、水乡生活体验、文化熏陶、科普教育、康体养生等于一体的桑基鱼塘生态农业休闲旅游景区；打造桑基鱼塘绿色生态农产品品牌，不断推出淡水塘鱼、桑叶茶、蚕丝蛋白医疗美容产品等；成立湖州鱼桑文化研学院，传承传统农业技术和文化。其中，湖州鱼桑文化研学院先后入选"浙江省中小学生研学实践教育营地""首批湖州市中小学生研学实践教育基地"和农业农村部60个"农耕文化实践基地推荐名单"等。

　　湖州桑基鱼塘系统从古时提供食物和丝绸原料，到现代成为旅游资源、文化资源，不变的是先民的智慧始终发挥着重要作用，带动了当地经济发展；在新时代，这一传统农业生产模式必将不断焕发新的生机。

（执笔人：叶明儿、梅艳）

适应自然的圩田湿地

世间美景，良性循环
——珠江三角洲基塘农业系统

生理朝来问旧乡，年华物色共徜徉。熏人市有糟床气，近水门多茧簇香。桑叶雨馀堆野艇，鱼花春晚下横塘。新丝新谷俱堪念，力作端能补岁荒。

——［清］张锦芳《村居》

清代顺德诗人张锦芳诗中描绘了家乡的桑基鱼塘景色，让人们无不对这里的美景充满了向往。但历史上的珠江三角洲地区，曾经因为地势低洼，水患严重。正是在这样的条件下，当地人进行了土地利用方式上的创造，也成就了后来享誉世界的基塘农业系统。2020年，广东佛山基塘农业系统被列为第五批中国重要农业文化遗产。

早在汉代，珠江三角洲的先民就已在高地种植桑树，从事种桑、养蚕、丝织的生产活动。至唐代时，珠江三角洲地区的农业呈现"稻田在熟，桑蚕五收"的热闹场面。明代后期至清代时，统治者向广东地区征收的丝绸逐年增加，为了扩大产量，许多农户将基面上的果树改为桑树，甚至"弃田筑塘、废稻树桑"，形成了大面积的桑基鱼塘，其中，以佛山市的顺德和南海最为典型。"塘中养鱼，基面种桑，桑叶养蚕，蚕沙喂鱼，塘泥肥田"，桑－蚕－鱼－泥形成了环环相扣、彼此依存的生态循环链。

不止是桑基鱼塘，珠江三角洲还有果基鱼塘、蔗基鱼塘、花基鱼塘、菜基鱼塘等。明代初期，珠江三角洲的荔枝和龙眼颇负盛名，供不应求。为了扩大产量，当地先民将不适宜于种植果木的低洼地区进行了改造，在长期的生产实践中因地制宜，结合地势特征，将低洼地挖深为塘，并将泥土在四周垒成高地为基，在基面上种植荔枝和龙眼，在塘中养殖鱼虾，塘与塘间有水下阀门相连，以控制塘面水位，保证降雨后塘中养殖业也能正常运作。树叶和残果喂鱼，鱼粪肥田，这就形成了果基鱼塘生态循环农业。

基塘农业既可减少洪涝灾害，还能增加经济收益，不仅实现了水面和陆面间复杂且多样的物质和能量交换，还通过基塘互促，构成了种植业、水产养殖业及加工业相结合的立体循环的生态农业，充分彰显了珠江三角洲地区农民的农耕智慧，被联合国教科文组织赞誉为"世间少有美景，良性循环典范"。

得益于国际市场的扩大，珠江三角洲桑基鱼塘的规模同蚕桑产业一起，在18世纪中后期至20世纪初期达到了顶点。1929年，受到世界经济危机的打击，珠江三角洲的蚕桑产业盛极转衰，与蚕桑相关的工农业急速衰退，大量桑农陷入极度贫困，食不果腹，只得将桑树砍伐，改种水稻，桑基鱼塘的面积迅速萎缩、一蹶不振。改革开放以后，随着城市化和工业化的快速发展，农业用地大幅减少，作为我国的经济发达地区，珠江三角洲的基塘农业进一步萎缩。

珠江三角洲基塘农业系统（闵庆文/摄）

  但是，珠江三角洲人民对基塘农业系统的生态价值、文化价值和经济价值的认同却从未消散。例如，在佛山市南海区，以基塘农业旅游为主题的渔耕粤韵文化旅游园坐落在西樵山下，园区内综合发展"草基鱼塘""菜基鱼塘""花基鱼塘""果基鱼塘""桑基鱼塘"等多种基塘农业类型。当地政府和企业结合现代人更加多元化的诉求，在物质生产功能的基础上，还对基塘农业的文化和景观功能进行了深入的发掘，开发了"基塘农业＋农事体验＋休闲观光"的综合性发展模式。游客可以在观光游览的同时，参与基面作物采摘、桑叶投喂塘鱼等农事体验活动，这些活动不仅向游客展现了珠江三角洲基塘文化、复现了珠江三角洲层次丰富的水乡美景，寓教于游，实现环境教育，还提升了基塘农业的经济效益。

尽管目前珠江三角洲基塘农业的规模远不能同20世纪鼎盛时期相比，但其中所蕴含的珠江三角洲人民的农耕智慧将以更加活跃、现代的方式传递到未来。

（执笔人：张碧天）

适应自然的圩田湿地

万湾碧水，满垛黄花
——江苏兴化垛田农业系统

心裁别具夺天然，环水依形垒垛田。生态平衡新亮
点，腾飞经济乐丰年。

——宗宝光《七绝·江苏兴化垛田传统农业系统》

2013年5月，在中国邮政正式发行的"美丽中国"
普通邮票第一组中，一枚闪烁着金黄色光芒的3元高值票
格外引人注意。在四四方方的画幅中，河沟纵横交错，如
水网平铺；垛岸星罗棋布，似千万小岛荡漾于水面之上；
金色的油菜花海一望无际，蔚为壮观。

在许多江苏人的心目中，兴化垛田农业系统（以下简
称"兴化垛田"）是个充满诗情画意与人文情怀的农业设
施，同时也是一个有着"诗和远方"的田园美景。垛田，
是兴化人在独具特色的沼泽洼地中，巧妙利用垛形土地的
湿地生态农业系统，见证了兴化人上千年的造田耕作历史
与湿地保护历史。2013年，江苏兴化垛田传统农业系统
被列为首批中国重要农业文化遗产，2014年被列为全球
重要农业文化遗产。

兴化垛田地处江苏中部、江淮之间的里下河地区，这

里自古地势低洼，大大小小4000多条河流纵横交错，历来饱受洪涝等湖汛水位上涨的危害。每到汛期，兴化周围的"四湖"（洪泽湖、高宝湖、白马湖、邵伯湖）、"三河"（里运河、通扬运河与淮河）、"一海"（黄海）的水便一齐向兴化涌来。洪水一来，兴化地区的田地被冲、庄稼被毁，农民深受其害。

为了减少洪水带来的损失，宋元时期起，兴化人开始修筑垛田，在垛田上进行农业种植。垛田的雏形是架田——在沼泽地用木桩、木架塞上泥土水草，覆盖土壤，形成田块。后来，人们选择沼泽湿地中的地势稍高处，用泥土堆积起来，渐而形成一块块高出水面1米以上的垛田，发展出一种独特的土地利用方式。

在兴化市下辖的垛田镇、缸顾乡、李中镇、西郊镇、周奋乡五个乡镇内，共有6万多亩垛田集中分布。这些垛田因河流宽窄形状各异、大小不等，或方或圆、或宽或窄、或高或低、或长或短，大的不过数亩，小的仅有几分①。它们四面环水，垛与垛之间各不相连，宛如一个个"土岛"在一望无际的碧波中荡漾，兴化也因此被誉为"千岛之乡"。每到清明时节，"岛"上便长满了金黄色的油菜花，"船在水中行，人在花中走"，别有一番情趣，"河有万湾多碧水，田无一垛不黄花"的旖旎景色令许多中外游客和文人墨客流连忘返。与此同时，兴化垛田也因其富含多种微量元素的沼泽土质以及气候温和的自然条件，孕育出以兴化大米、兴化龙香芋、兴化荷藕、兴化鱼圆、兴化大闸蟹、兴化小龙虾为代表的特色农产品，正所谓"九夏芙蓉三秋菱藕，四围瓜菜万顷鱼虾"。

---

① 1分≈66.67平方米。

江苏兴化垛田农业系统（闵庆文/摄）

　　作为一项具有地方特色的小微灌排工程，兴化垛田所代表的灌排工程体系，是江苏省里下河腹地独有的、国内外唯一的高地旱田灌排工程体系。在明清时期水患愈烈、湖泊群逐渐淤垫的自然背景下，兴化先民开河排水、围湖造田、开挖河泥、垒土为垛。随着水利的完善，河网日益细化，逐渐形成了"湖荡—外河—（水闸）—内河—池塘—沟渠—（水闸）—农田"的水系分级控制结构，成为古往今来兴化人在低洼地治水智慧的结晶。

　　兴化垛田灌排工程体系灌溉总面积52.88平方千米，分布在兴化湖荡区，工程体系包括堤防、灌排渠道、水闸等，工程遗产类型丰富多样。兴化垛田灌排工程体系发挥了排水、灌溉、防洪、航运、人居、生态、水土保持等复合完备的功能；灌排工程管理（尤其是疏浚、护岸工程）

具有自治、协同管理特点，是可持续运营管理的典范。搁种法、刨岸、戽水、罱泥、扒苲、捞水草等传统的农田水利耕作方式一直保留并沿用至今，一方面使地势较高的垛田排水良好，避免洪水的侵害，另一方面使垛田的土壤疏松，土质肥沃，有利于各种作物的健康成长。因其突出的保护价值，兴化垛田于2022年被列入《世界灌溉工程遗产名录》。

兴化人长期以来实施的水生态修复、退耕还湖、退渔还湖等湖荡湿地生态保护措施，取得了突出成效。兴化垛田周边丰富的湿地资源与良好的湿地生态环境孕育了多种鱼类、底栖动物以及水生植被，进而不光为鸟类提供了充足的食物来源，还吸引了数量众多的游禽、涉禽等湿地水鸟栖息和停歇，其中包括小天鹅、白琵鹭和花脸鸭等珍稀物种，越来越多的野生动植物愿意在兴化垛田周边湿地安家落户、繁衍生息，形成林水相依、蒲草葳蕤、芦荻摇曳、飞鸟翔集的和谐景象。

（执笔人：李禾尧）

适应自然的圩田湿地

外御海潮，内改盐碱
——江苏启东沙地圩田农业系统

周遭圩岸缭金城，一眼圩田翠不分。行到秋苗初熟处，翠茸锦上织黄云。

——［宋］滕白《观稻二首（其二）》

圩田亦称"围田"，指化湖为田，即把堤岸伸入水中，抽掉堤内的水造成田，是中国古代农民发明的改造低洼地、向湖争田的造田方法。

关于圩田，书中早有记载。杨万里《圩田》中有"周遭圩岸缭金城，一眼圩田翠不分"。《明史·蔡天祐传》中有"辟滨海圩田数万顷，民名之曰'蔡公田'"。魏源《秦淮镫船引》中有"圩田熟收船价低，惊魂甫定歌喉怆"。范文澜、蔡美彪等在《中国通史》第四编第一章第二节这样写道："圩田——又叫围田。在低洼田地周围筑围，围外蓄水。五代时，江南已有圩田，一个大圩，方数十里，如同大城，中有渠道，外有闸门……北宋时，圩田在南方进一步发展。太平州芜湖县万春圩，有田十二万七千亩，圩中有大道长二十二里。圩田能防旱抗涝，可以常保丰收。这是劳动人民的一项创造。"

圩田对促进唐代农业的发展起了不小的作用。圩田能种植高产的水稻，使江南的农业逐渐发达起来，巩固了江南的经济地位。五代十国时期，南唐与吴越在各自境内大修田，每方圆几十里如同大城。宋朝时，圩田得到很大的发展。

圩田的基本营造方法是：在浅水沼泽地带或河湖淤滩上围堤筑坝，把田围在中间，把水挡在堤外；围内开沟渠，设涵闸，有排有灌。圩堤多封闭式，亦有其两端适应地势的非封闭式。

2021年11月，农业农村部发布的第六批中国重要农业文化遗产中的江苏启东沙地圩田农业系统（以下简称启东沙地圩田农业系统），则与一般的圩田有所不同。

启东沙地圩田农业系统是伴随着启东成陆、垦牧拓荒、改造盐碱地并延续至今在农田水利、种植布局、农耕习俗、民居格局和民俗文化等方面逐步形成的一个完整体系，是全国范围内罕见的、大规模的、人为干预的滨海临江型农业文化遗产，也是近代著名实业家张謇拓荒垦牧、兴办实业、造福乡梓的有力见证。在漫长的历史长河中，得益于江海泥沙的沉积和历代的圩田活动，启东从一片汪洋到海中沙洲，再到形成稳固的陆地并向东延伸。清末，晚清状元实业家张謇多次组织民众，筑堤套圩开荒，"种生田"，最终，这里成为人们集聚、繁衍的肥田沃土。

启东沙地圩田农业系统以堤划分，堤内设圩、圩内设区、区内南北成排、东西成"埫"（音tiáo），基本上每"埫"为一户。四级地块（"埫"、垾、排、区）、三级水系（民沟、横河、竖河）与两级道路（垾路、径路）规则分布，既有一定规模的水利设施，又有纵横的交通系统，

江苏启东沙地圩田农业系统（张海军/摄）

房前种植蔬果，屋后养殖畜禽，民沟放养水禽和水产品，生产生活非常方便，既整齐划一又便于统计，为当时农业的进步提供了基本条件。

　　一般的圩田都具有这样的生态特征，如水渠、内河与外围河湖构成一个完善水系网络，具有很强的滞洪排涝灌溉功能；作为次生湿地，因为水陆边缘效应而具有丰富的生物多样性。启东沙地圩田农业系统除上述特征外，还具有其独有的特征：外御海潮、守陆保田，守护民众安身立命的家园，在新涨的沙地上将地块和水系以棋盘式布局，形成规则的"井"字状，进行圩田耕作活动；内改盐碱，把一方盐碱沙洲的荒凉之地改造为物产富足、文化繁荣的棉粮故里。

　　在启东滨江沿海多栽芦苇，对生态护坡、保持水土、促淤消浪、净化水质效果显著，生态效益和经济效益明显。芦苇作为典型的繁殖能力超强的多年生禾本科植物，是沿海湿地生态系统植物群落中的优势种。大面积的芦苇不仅可以调节气候、净化污水、促淤防蚀、澄清水质、抑制藻类，还可以涵养水源，维持生物多样性，所形成的良好的湿地生态环境也为鸟类提供了栖息地。

此外，启东沙地圩田系统通过构建水陆微生态系统，使农田与森林、草地、湿地等交织共存，增加了农田生态系统多样性，也因很好地展现了人与自然和谐发展理念而具有很高的乡土文化价值。

（执笔人：卢勇、闵庆文）

适应自然的圩田湿地

对外挡水，对内围田
——湖南洞庭湖区堤垸农业系统

堤垸民力有不能，一体官修代赈耳。悠悠南望中心藏，忘之讵因塞景美。

——〔清〕弘历《命湖南巡抚常钧抚恤常德被水州县诗以志事》

　　地跨湘、鄂、赣、皖、苏、浙、沪六省一直辖市的长江中下游平原，东西长约1000千米，南北宽100～400千米，总面积约20万平方千米，包括江汉平原、洞庭湖平原、鄱阳湖平原、皖苏沿江平原、里下河平原及长江三角洲平原等6个板块，长江天然水系、湖泊星罗棋布、河渠纵横交错，使这里成为水资源最为丰富的地区，素有"水乡泽国"之称。由于长江的定期泛滥，中下游地区农业生产难以稳定开展，用堤坝阻止江水漫流逐渐成为人们的选择。公元前5世纪，楚国名相孙叔敖开了江北筑堤先河，长江以北的洲滩荒地渐渐被围垦起来。堤垸纵横形成了独具特色的农业景观，也使这里成为富足天下的"鱼米之乡"，当然也因为候鸟栖息、水源涵养而被认为是重要的生态功能区。

在江西、湖南、湖北等地，"垸"是一个常见的字，意指湖泊地带挡水的堤圩，也叫"垸子""围子"，在湖南、湖北地区，发洪水时将修建的堤坝冲垮，也叫"倒垸子"或"倒围子"。围成的区域，将水抽干后用于农事，这里便成了"垸田"。洞庭湖平原水网发达，是中国最早的稻作农业的发源地，孕育出历史悠久的垸田景观。

洞庭湖区泛指荆江以南，以长江南干堤为界，包括湘、资、沅、澧四水尾闾的广大平原、湖泊水网地区，总面积18780平方千米。洞庭湖区自古为洪灾多发之地，洪水带来大量的泥沙淤积成洲，为人们提供了耕作定居的条件，但低洼地区往往又使其面临着汛期洪涝灾害的威胁。

在湖区的淤洲上修筑堤防、围垦土地，形成一种对外挡水、对内围田的土地利用模式，这就是"堤垸"。通过建设堤垸来控制垸区的水位，以获得生活和生产空间，并在与水此消彼长长达千年间，将流动荒芜的湖区淤洲逐步开垦转化为富饶的栖居之地，在动荡的"洪水－湖泊－洲滩"关系中寻求相对稳定丰产。可以说，正是堤垸的建造，使洞庭湖地区不仅成为衣食富足的鱼米之乡，还为国家贡献了大量的赋税征收。明朝中叶开始流行的"两湖熟、天下足"，就是对鄱阳湖、洞庭湖地区农业经济地位的最好说明。

在洞庭湖区，关于垦殖的最早记载是东汉初年所筑的"樊陂"。这种在较高的洲滩湿地筑堤隔水，"以垸为家，依垸而作；以堤为家，依堤而战"的湖垸农业正式形成。

在洞庭湖区，堤垸因为综合了农业生产、水利调控和聚落建设等多重特征而成为最为重要的乡土景观类型。数

适应自然的圩田湿地

湖南洞庭湖青山垸景观（董芮/摄）

百年的堤垸开垦历史，使得洞庭湖区几乎每一寸土地都经过了设计。如果从风景园林的视角来审视，堤垸何止是水利工程，不也是一种空间结构和文化表达的综合反映吗？

任何事情都是一分为二的。垸田开发奠定了长江中下游平原的农业基础，但是围湖造田必然会影响内湖生态环境，降低湿地环境容量，破坏湖泊生物资源，其负面效应也是巨大的。

也正因为此，从自然生态保护的角度看，堤垸工程也颇遭非议。在洞庭湖区，明代有堤垸一二百处，到民国时期已增加到1000多处。1894—1949年，洞庭湖水面从5400平方千米缩小至4350平方千米，1955—1998年间缩小了1460平方千米，其中，1955—1978年水体面积急剧减少，缩小了970.57平方千米。除长江和湘、资、沅、澧四水来沙的自然淤积外，人为促淤围垦也是重要原因。不利影响还包括水生生物多样性的减少。20世纪50年代，洞庭湖区鸭科种类有31种，而2000年前后只有25种。

堤垸不只是一类水利基础设施，垸田也不只是一类农业生产场地，它们还是蕴含丰富历史文化、知识技术并具有重要的生态保护、文化传承和经济发展功能的农业文化遗产。江苏兴化垛田和浙江湖州桑基鱼塘已经成为全球重要农业文化遗产，洞庭湖堤垸何尝不是呢？

（执笔人：闵庆文）

适应自然的圩田湿地

立体养殖，鱼蚌双收
——浙江德清鱼蚌立体养殖系统

珍珠味咸，甘寒无毒。镇心点目。涂面，令人润泽好颜色。涂手足，去皮肤逆胪，坠痰，除面斑，止泄。除小儿惊热，安魂魄。止遗精白浊，解痘疗毒。

——[明]李时珍《本草纲目》

德清，取名于"人有德行，如水至清"，位于太湖之滨，境内河水清澈丰盈，自古便是"鱼米之乡"。宋人葛应龙《左顾亭记》道："县因溪尚其清，溪亦因人而增其美，故号德清。"德清县域境内分布有水域面积约23万余亩，其中，池塘4万余亩，稻田养鱼12万亩，外荡7万亩，湿地面积占土地总面积的比例高达44%以上；西部为低山丘陵区，多溪流、塘库，东部为平原水网区，河港纵横，漾荡密布，素有"水乡泽国"之称。

多样的地理形态造就了德清县域境内丰富的水生生物资源。早在2000年前，德清人们已利用水面养鱼，并实行鱼鳖混养。相传，今德清干山境内的范蠡湖（今蠡山漾）为春秋时期越国大夫范蠡养鱼处，范蠡携西施扁舟五湖时曾隐居德清，并开创了德清的渔业历史。其所著《养鱼经》用传说讲述鱼鳖混养的好处。清康熙时郑元庆在《湖录》中说："草鱼，乡人多畜之池中与青鱼俱称池鱼。青鱼饲以螺蛳，草鱼饲之以草，鲢独受肥，间饲之以粪。盖一池中畜青鱼、草鱼七分，则鲢鱼二分，鲫鱼鳊鱼一分，未有不长养者。"此种混养经验延续至今，已发展成为多种混养模式。

珍珠是大自然不可思议的奇迹，它玲珑雅致、皓洁夺目，象征纯洁、完美、尊贵和权威。我国具有悠久的珍珠利用历史，亦是人工规模化养殖珍珠最早的国家。中国有记载的最早的人工育珠技术始于宋朝。北宋时期庞元英的《文昌杂录》中明确记载了人工养殖珍珠的方法，南宋时期叶金扬（公元1200—1300年）发明了附壳珍珠养殖方法并在当时的德清钟管和十字港一带得到大规模推广应用，德清也因此被认为是世界珍珠养殖技术的发源地。

随着人工育珠技术的发展，德清人民不仅提高了珍珠的产量与质量、增加了当地百姓的收入，同时也开创出"鱼蚌混养"等生态循环模式。德清珍珠人工立体生态养殖，是在水体中通过吊养的方式养殖河蚌，同时在水体中养殖鱼类，利用鱼类的残饵直接作为河蚌的食物或利用鱼类的残饵和粪便培育浮游藻类作为河蚌的饵料，蚌与其他物种的共生关系、竞争关系、捕食关系，蚌与水质变化的关系等均达到平衡，整个生态系统能量转换和物质交流相对稳定，形成了和谐的生态系统，从而有效地改善水质，保护水域的生物多样性，增加生态系统的稳定，实现生态效益和经济效益共赢的目标。

育珠蚌的生活环境是水域，传统的养殖场地通常在自然河流、湖泊、池塘中。在蚌的生长环境中，有着大量的微生物、水生动物、水生植物、鱼类、底栖动物甚至鸟类等，形成了以水环境为依托的多物种系统，包含了丰富的物种资源。德清县内水产资源丰富，养殖类有草、青、鲢、鳙、鲤、鳊、蟹等；野生类除鲦鱼、鳑鲏、鲫、鲈、鲇、鳟、鳜、黑鱼外，尚有鳗、鳅、鳝、虾以及螺蛳、河蚌等。德清广阔的水域面积，优良的水质，特别适合河蚌的生长繁殖，养殖珍珠的蚌也有10多个品种。

育珠蚌以自繁为主。自己繁殖，自己培育，自己接种，不仅成本低，而且蚌的体质好，适应性强，病害少，成活率高。蚌的品种以三角帆蚌和褶纹冠蚌为主，重点培育的是三角帆蚌，因为此蚌产出的珍珠质量好，产量高，

浙江德清鱼蚌立体养殖系统（闵庆文/摄）

价格也合适。河蚌与鲢鳙鱼的食性均以浮游生物为主，具有相互争食现象，青鱼和鲤鱼等肉食性鱼类容易损害河蚌，而草鱼、鳊鱼、鲫鱼等，与河蚌不但没有食性矛盾，而且互利互惠，因此，通过混养可以达到丰产丰收的效果。同时，在考虑放养鱼种时，要掌握好以养鱼为主还是养蚌为主，即蚌多少养鱼，鱼多少养蚌。

珍珠立体养殖的生态环境效益主要体现在河蚌及鱼类等的生态效益和河荡的生态效益，其中，河蚌的生态效益包括控制水华、提高透明度，富集重金属、提高水质，利用营养元素、净化水质，而河荡的生态效益主要体现在其水源涵养和气候调节的作用。

（执笔人：闵庆文）

适应自然的圩田湿地

（任永宏/摄）

由于地理条件和气候变化等多重作用，干旱与洪涝始终困扰着人类的发展。从古代的安丰塘、都江堰到当今的千岛湖、三峡水库，从被称为"地下水利长城"的坎儿井到"变塞北为江南"的引黄灌渠，这些展现劳动人民勤劳与智慧的水利工程，不仅为农业生产创造了水旱相宜的基础条件，也创造出具有重要生态效益的一类特殊湿地类型。

趋利避害的水利湿地

中国最早的大型蓄水灌溉工程
——安徽寿县安丰塘

> 桐乡振廪得周旋，芍水修陂道路传。日想偾功追往
> 事，心知为政似当年。鲂鱼鲅鲅归城市，粳稻纷纷载酒
> 船。楚相祠堂仍好在，胜游思为子留篇。
>
> ——［宋］王安石《安丰张令修芍陂》

公元前601年，春秋五霸之一的楚庄王的开疆扩土之
路正如火如荼，楚国疆域在吞并了舒国之后延伸到了江淮
流域，正要以此地为基础北上中原继续扩张，但江淮地区
因连年战乱，百废待兴，且饱受水患侵袭，粮食歉收。为
了巩固楚国在江淮地区的统治，并为下一步进军中原提供
充足的粮食储备，时任楚国令尹的孙叔敖受命治水。在多
方勘察研究之后，孙叔敖决定在淮南一带开沟挖渠，引淠
河、淝河水至附近低洼地区，围堤造陂，兴修水利，用于
农田灌溉和防洪排涝。此工程耗时数年完工，因积水之处
有白芍亭，故得名芍陂，"陂"有池塘之意。

芍陂就在今天安徽省淮南市寿县，东晋之后更名为安
丰塘，距今已有2600多年的历史。这是我国最早的大型
蓄水灌溉工程，甚至比著名的都江堰水利工程还要早300

具有2600多年历史的安丰塘（寿县农业农村局/供）

多年。千百年来，安丰塘数次被荒废，又数次被重新修葺使用，至今仍然源源不断地灌溉着周围的农田，灌溉面积达4.49万公顷。安丰塘于1988年被批准为全国重点文物保护单位，2015年被列为世界灌溉工程遗产，同年，安徽寿县安丰塘及灌区农业系统被列为第三批中国重要农业文化遗产。

安丰塘的伟大不仅仅是因为时间早，更是因为它凝聚了中国先民的治水智慧与经验，是陂塘灌溉工程的典范。这一复杂的工程分为蓄水、塘堤水门、灌排渠系集配套设施、排洪工程四大部分。当地东、南、西三面环山，背面地势低洼，且降水量时空分布不均，夏、秋季暴雨极易引发洪涝灾害，雨季过后又常发生大面积干旱。孙叔敖充分利用了南高北低的地势落差引水围陂，又在塘东、西、北方向开凿闸门，用于灌溉、泄洪的控制；水门之外连接了各级渠系引水入田，按照输水规模、灌溉面积分为干渠、支渠、斗渠、农渠、毛渠各级，渠道上建有分水闸、节制闸、退水闸等配套工程数百座，可以人工调节水资源排灌；安丰塘设有泄水闸和中心沟，当汛期陂内水位过高时，可由此将水排入附近河流。安丰塘解决了当地的旱涝困扰，使得粮食丰产、百姓安居，不仅成就了楚国霸业，也令当地人们获益良多。

安丰塘对当地粮食生产、百姓生活意义重大。宋代诗人王安石描述当时的安丰塘是"鲂鱼鲅鲅归城市，粳稻纷纷载酒船"，呈现出宋代安丰塘物产丰富、码头商贸船只络绎不绝的景象。人们爱安丰塘、敬孙叔敖，在安丰塘北堤建孙公祠，每年祭拜以求风调雨顺、连年丰收。

灌溉农田、缓解气象灾害是安丰塘最重要的功能。除此之外，作为湿地，它还发挥着许多其他的作用。在安丰塘的灌溉下，当地土壤肥沃、物产丰富，水稻、小麦、玉米、蔬菜间轮种套种；兼顾水产养殖，鱼、蟹、贝类等水产品种类丰富，仅鱼类就有70种。良好的生态环境也为野生动植物提供了生存条件，当地生物多样性得到妥善的保护。安丰塘与周围水系连接紧密，古时亦用于航运，现代更是兴建了干、支渠道，扩大了安丰塘的航运范围。安丰塘的水面宽阔、水质清澈、空气清新，又有良田万顷，自然景观丰富优美，尤其雾气中的安丰塘，烟波浩渺之间隐约可见古老的安丰城池，韵味悠长。同时，安丰塘在悠久的历史中与人类活动不断交融，印刻下了不可磨灭的人类文明印记，历史古迹与自然景观的有机结合，使它成为旅游、研学的绝佳目的地。

进入新时代，安丰塘面临着机遇和挑战，原有的系统运作模式、经营管理方式随着自然环境的变化和社会经济发展进程逐渐出现力不从心的状态，新的问题催促着古老的水利灌溉系统要跟上时代的步伐，适应新环境，做出新转变，加强工程、景观、生态保护的同时发展生态农业、休闲旅游业等新业态，让安丰塘水利系统实现可持续发展，让这份传承千年的人类智慧结晶能够永续传承。

（执笔人：梅艳、闵庆文）

趋利避害的水利湿地

中国最具国际影响力的古代水利工程
——四川成都都江堰

江水来自蛮夷中，五月六月声摩空。巨鱼穹龟牙须雄，欲取阆市为龙宫。横堤百丈卧霁虹，始谁筑此东平公。今年乐哉适岁丰，吏不相倚勇赴功。西山大竹织万笼，船舸载石来亡穷。横陈屹立相叠重，置力尤在水庙东。我登高原相其冲，一盾可受百箭攻。蜿蜿其长高隆隆，截如长城限羌戎。安得椽笔记始终，插江石崖坚可砻。

——［宋］陆游《十二月十一日视筑堤》

都江堰是我国著名水利工程，位于四川省成都市都江堰市城西，坐落在成都平原西部的岷江之上。在都江堰建成以前，岷江江水每逢雨季便泛滥成灾，雨季过后又缺水干旱，百姓苦不堪言。秦昭王末年（约公元前256年），秦国蜀郡太守李冰父子总结前人的治水经验，率领部下和当地百姓耗时五年修筑了都江堰治水工程，将岷江江水变害为利，使成都平原成为水旱从人、不知饥馑、时无荒年的"天府之国"。2000年，都江堰被列入《世界遗产名录》，成为我国第17处世界文化遗产。此外，都江堰被列为世界灌溉工程遗产、全国首批AAAAA级旅游景区、全国重点文物保护单位、国家级风景名胜区等。

水利工程的修建是人类对大自然的改造，在建设过程中会对当地自然生态环境带来一定的负面影响，然而都江堰的建设是以不破坏自然环境并充分利用自然资源为人类服务为前提，对自然地理与生态进行了优化，使人、地、水三者高度协和统一，变害为利，是一项伟大的"生态工程"。都江堰沿河两岸修建了许多人工湿地公园，形成了良性生态系统，不光调节当地气候，维护生物多样性，提高绿色景观丰富度，也为居民提供了休闲娱乐和科普教育的场所。

都江堰水利工程利用当地西北高、东南低的地理条件为成都平原提供了充足的灌溉水源，使成都平原的农业生产迅速发展，在极短时间内就成了闻名天下的巨大粮仓。近年，都江堰每年向成都市提供城市生态环境用水30亿立方米，担负着四川盆地中西部地区7市（地）36县（市、区）1003万余亩农田的灌溉。在岷江水的滋养下，成都平原构建起了农、林、牧、草、渔业协调发展的生态系统。此外，都江堰水利工程造就了成都平原两千多年的优良耕作环境，以稻作为主的农业湿地保护着整个成都平原的生态环境，为实现循环农业起到积极的生态示范效应和产业引领作用。

都江堰地区是我国高等植物种类丰富的区域之一，也是南北植物分布的交界区，有"川西植物园"的称号。据统计，都江堰地区有高等植物3390种，隶属263科1224属，占全省的三分之一、全国的十分之一。其中，苔藓植物144种（54科107属），蕨类植物230种

举世瞩目的都江堰工程之鱼嘴（闵庆文/摄）

（37科84属），种子植物2910种（172科1033属），此外，还有川芎、红梅等中药材资源900余种。都江堰地区野生动物资源种类繁多，有国家重点保护野生动物37种,四川省重点保护野生动物11种，其中国家一级保护野生动物6种，国家二级保护野生动物31种。国家一级保护野生动物中，兽类5种，两栖类1种；国家二级保护野生动物中，兽类16种，鸟类11种，鱼类1种，昆虫3种；四川省重点保护野生动物中，兽类6种，鸟类2种，鱼类3种。此外，都江堰地区还是岷山山系和邛崃山系两地大熊猫基因交配的天然走廊，作为重要分布中心对国家珍贵稀有动物大熊猫的保护有着举足轻重的作用。

都江堰地区包含五种生态系统，分别为河流生态系统、高寒生态系统、森林生态系统、农业生态系统和城镇生态系统。每个生态系统的结构与功能各不相同，并且系统内包含的动植物种类和数量也有较明显的差异。

都江堰水利工程凝聚着中国古代劳动人民勤劳、勇敢、智慧的结晶，它的伟大之处在于建成2270多年来持续为当地带来生态、经济以及社会效益，至今还滋润着"天府之国"的万顷农田，在世界水利史上写下了光辉的一章。

（执笔人：程佳欣、孙业红）

趋利避害的水利湿地

163

中国最大的人工湖
——浙江淳安千岛湖

西子三千个，群山已失高；峰峦成岛屿，平地卷波涛。
电量夺天日，泽威绝旱涝；更生凭自力，排灌利农郊。

——郭沫若《游千岛湖》

1959年，我国建设了第一座自主设计且自制设备的大型水力发电站——新安江水力发电站，建筑拦水坝拦蓄上游江水而形成了一个著名的人工湖，这就是千岛湖。

千岛湖位于浙江省淳安县境内，是中国最大的人工湖，也是目前国内最大的国家级森林公园，还被列入《中国重要湿地名录》，更是"杭州—千岛湖—黄山"这条"名山名水名城"黄金旅游线上的一颗璀璨明珠，是首批国家重点风景名胜区之一。

千岛湖风景区总面积982平方千米，从上方俯瞰，它的湖形像树枝一样展开延伸，湖中大大小小的岛屿共有1078个，形态各异，错落有致，犹如散落的珍珠，也因此而得名"千岛湖"。千岛湖平均水深34米，能见度最高达12米，属于国家一级水体。水库坝高105米，长462米；水库长约150千米，最宽处达10余千米；最深处达

千岛湖风光（闵庆文/摄）

100余米，平均水深30.44米，在正常水位情况下，面积约580平方千米，是西湖的108倍，蓄水量可达178亿立方米；岸线长度1406千米。新安江两岸，群峰壁立，历史上有"千峰郡"之称，平均海拔在600至1000米之间。因此，千岛湖风景区由水、岛、山、林构成了人工与天然相映衬的诗情画意的盛景。

千岛湖地区气候温和，四季分明，雨量充沛，地处亚热带季风气候区，冬季受北方高压控制，盛行西北风，以晴冷干燥天气为主导，低温少雨；夏季受太平洋副热带高压控制，以东南风为主导，高温湿热，年平均气温在15~17℃之间。

千岛湖作为国内最大的国家森林公园，岛屿森林覆盖率达95%，并拥有丰富的动植物资源，共有动物2141

趋利避害的水利湿地

种，其中，兽类8目21科66种、鸟类16目50科224种、两栖类2目7科24种、爬行类3目7科27种、昆虫类16目320科1800种；拥有云豹、黑麂、白颈长尾雉等国家一级保护野生动物4种，鬣羚、穿山甲、海南鳽、白鹇、中华虎凤蝶等国家二级保护野生动物45种，食蟹獴、貉、红嘴相思鸟、尖吻蝮等浙江省重点保护野生动物43种。需要特别关注的是千岛湖地区还有87种淡水鱼，年捕鱼量达4000多吨，有"鱼跃千岛湖""水下金字塔"等奇特景观。千岛湖地区还有银杏和南方红豆杉等国家一级保护野生植物以及浙江樟、浙江楠、鹅掌楸、厚朴、花榈木、羊角槭、杜仲、香果树、长柄双花木和野大豆等国家二级保护野生植物，森林植物资源质量及丰富度很高。

被列入《中国重要湿地名录》的千岛湖湿地，总面积80252.79公顷，其中，人工湿地77815.39公顷，占湿地总面积的96.96%，天然湿地2437.40公顷，占总面积的3.04%。它具有涵养水源、保护堤岸、发电、养殖灌溉、防洪减灾等方面的重要功能，对整个千岛湖地区的生态环境和社会发展有着巨大的贡献。

千岛湖集湿地生态保护、森林资源保护、生态文化体验、山水游览观光、休闲度假、保健养生、科普教育等多种服务功能于一体，在满足人们游憩休闲需求、发展生态产业经济等方面具有不可替代的重要价值。

（执笔人：程佳欣、孙业红）

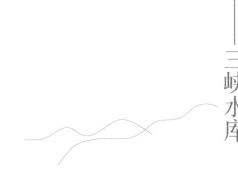

中国最大的水库
——三峡水库

趋利避害的水利湿地

更立西江石壁，截断巫山云雨，高峡出平湖。神女应无恙，当惊世界殊。

——毛泽东《水调歌头·游泳》

长江，发源于世界屋脊，上经"天府之国"，中贯"鱼米之乡"，下接"人间天堂"，给两岸以灌溉之利和舟楫之便。然而，它一旦暴怒，便为浩劫，沃野成为泽国，民众或为鱼鳖，是中华民族一大心腹之患。尤其是在险段荆江，每至汛期，千余万人头枕悬河，夜不成寐。

"治水兴邦，筑坝为民"，1992年4月3日，第七届全国人民代表大会第五次会议审议通过了关于兴建长江三峡工程（以下简称三峡工程）的议案，标志着三峡工程正式开工建设。在几代国家领导人的直接关心下，2009年三峡工程全线完工。

三峡工程由拦江大坝和水库、发电站、通航建筑物等部分组成，是当今世界上最大水利枢纽工程，也是迄今世界上综合效益最大的水利枢纽。三峡电站安装32台70万千瓦水轮发电机组和2台5万千瓦水轮发电机组，总装机容量2250万千瓦，年发电量超过1000亿千瓦时，是世界上装机容量最大的水电站。三峡水库回水至西南重镇重庆市，它改善了航运里程660千米，年单向通航能力由1000万吨提高到5000万吨。三峡工程当之无愧为世界上改善航运条件最显著的枢纽工程。

随着三峡工程的顺利完工，三峡大坝建成蓄水，中国最大的人工湿地三峡水库也相应形成，面积达7.8万公顷。

三峡水库处于我国地势第二阶梯向第三阶梯过渡的地带，地貌以丘陵、山地为主。库区地处四川盆地与长江中下游平原的结合部，跨越鄂中山区峡谷及川东岭谷地带，北屏大巴山、南依川鄂高原。库区湿地因地形复杂、分布广、海拔差异大，气候类型存在着明显的垂直变化，其中，长江三峡河谷地带属中亚热带气候，总体气候呈现温暖湿润、光照充足、雨量丰沛、四季分明的特征，适合森林植物和农作物生长。三峡库区动植物资源丰富，具有物

美丽的三峡风光（闵庆文/摄）

种多样性、基因多样性和生态系统多样性的优势，是我国不可多得的动植物"聚宝盆"。库区内有中华鲟、白鱀豚等珍稀鱼类，珙桐、疏花水柏枝、红豆杉等多种名贵植物，素有"绿色宝库""物种基因库"的美誉。

三峡水库冬季蓄水发电水位在175米，形成与天然河流季节涨落相反、涨落幅度高达30米的水库消落带，面积达438.9平方千米。在消落带，耐旱植物会在蓄水期被淹死，而耐淹植物会在枯水期干死。没有植物，水土会随着江水流失，污染水体。因此，消落带治理成为新的难题。为了解决这个难题，重庆市开州区经过数年探索，因地制宜，走出一条开创性治理之道：除了在长江支流上建立水位调节坝，还通过四大生态工程，对消落带进行环境治理和生态修复，将曾经散发阵阵恶臭的消落带建设成如今群山环抱、万顷碧水、群鸟齐聚的湿地公园。

三峡水库拥有独特的生态系统和环境资源，是我国重要的生态宝库。对生态环境的保护与修复，除了实施必要的生态工程措施外，非生态工程措施中最为关键的一环就是运用先进的水库调度技术和手段，在满足生态环境需求的基础上，充分发挥水库群的防洪、供水、灌溉、发电、航运等各项功能，将水库对流域水生态和水环境造成的负面影响控制在可承受的范围内，并逐步修复生态与环境系统，使水库调度应用影响下的河流新平衡仍然处于生态环境可持续发展之下。

近年来，三峡水库旅游资源不断得到开发。即使是在三峡水库蓄水后，"瞿塘峡、巫峡幽、西陵秀"的自然风光总格局未受改变。雄伟壮丽的三峡仍然以迷人的风采使游人流连忘返。

（执笔人：李港生、孙业红）

民族团结的象征
——新疆伊犁察布查尔布哈

世上的河渠有千万条，唯有你察布查尔布哈，每当听到你滚滚奔流不息，心中的歌儿时刻激荡在我心，在我心，你养育了千万个锡伯人，察布查尔布哈，我的母亲！

——锡伯族歌曲《察布查尔布哈我的母亲》

水源对于农业发展来说具有关键性的作用，是农业生产的动力源泉，拥有丰富的水资源进行灌溉就意味着可以获得催生农作物生产的肥沃土壤。西北干旱少雨的地区该通过何种途径进行农作物灌溉，为本地区的人民提供食物供给呢？这就得益于我国先民的农耕智慧，因地制宜兴建不同的水利设施，为农业生产提供水资源保障。位于新疆维吾尔自治区伊犁哈萨克自治州察布查尔锡伯自治县的察布查尔布哈就是其中的典型代表，它已被列为中国重要农业文化遗产、国家级重点旅游景区和国家重点文物保护单位。

察布查尔锡伯自治县是以锡伯族为主体的多民族聚集区，包括锡伯族、维吾尔族、哈萨克族、汉族、回族等多个民族。18世纪中叶，新疆实现统一，清政府为更好地

察布查尔布哈引水口（刘建刚/摄）

管理新疆地区，抵御外敌入侵，由东北地区抽调锡伯族官兵和百姓西迁驻守新疆，将其安置在伊犁河南岸水源充足、土壤肥沃的地区继续从事农业生产活动。然而，随着人口的增加，生态环境出现问题，人地矛盾日益突出，不得不寻找新的耕地进行农业生产活动。受限于伊犁河南岸的地势，新开辟的田地所处位置地势过高，水资源缺乏，无法实现农作物的灌溉，遂通过兴修水利，建设察布查尔大渠以获取充足的灌溉水源。察布查尔大渠后更名为"察布查尔布哈"，又称"锡伯渠""锡伯新渠"。

察布查尔布哈已有200多年的历史，在这个过程中经历开凿、多次整修和完善，仍保持着自身的功能，在当地各民族人民的农业生产、日常生活和生态环境等方面都发挥着至关重要的作用，具有不可磨灭的价值。

在农业生产方面，察布查尔布哈为当地的农作物提供灌溉水源，至今还能良好运行，使得当地耕地面积不断扩大，农业产品产量产值得到大规模提升，农业结构不断调整，并由单一农业发展逐渐演变为多领域共同助力区域发展，产生了巨大的灌溉效益，被誉为"西北粮仓"。

在日常生活方面，察布查尔布哈的兴建对当地人民产生了积极的作用，除农业发展增加农民收入外，还促使当地旅游业发展，农业观光、民俗体验、科普研学等旅游发展模式为当地人民带去充足的就业机会，提高当地人民的经济收入并增加他们收入来源的多样性，提升当地人民的生活水平及质量。

在生态环境方面，察布查尔布哈的兴修对当地生态环境的改善与提升发挥着极大的作用，如通过察布查尔布哈自身所具备的防洪止旱功能可以在一定程度上减轻自然灾害，保障当地不受洪涝、干旱灾害影响；通过水渠总闸的分水模式可以实现水资源的有效利用，合理及时地调节水量，提升灌溉效益；通过引水灌溉开辟耕地，在提高农作物产量、丰富农业物种的同时可改良固有的土地盐碱化问题。由察布查尔布哈带来的积极生态作用，也会为伊犁绿洲农业的形成与发展奠定稳固的基础，多种要素、各类景观共同构成了伊犁完整的生态环境。

此外，察布查尔布哈是各族人民的智慧结晶，是各族人民自强不息谋求发展的见证，至今也演变成为各族人民联系、交往的重要纽带，具有不可忽视的民族文化价值。察布查尔布哈的存在有利于加深民族文化的融合，促使各族人民共同发展祖国边疆的领土，是各族人民携手发展最有力的说明，也是我国民族团结的最好象征。

200多年前，察布查尔布哈的兴修或许只是出于增加灌溉水源的单一目的，但在历史发展的长河中，察布查尔布哈逐渐承担起扩展农业领域、带动经济产业发展、改善生态环境、传承民族文化、促进多民族和睦统一的重任。未来，察布查尔布哈还将继续运行，依旧会造福这方土地，为世代生活在这片土地上的人民带去更多的安宁与幸福。

（执笔人：宋雨新、孙业红）

神河浩浩来天际，别络分流号汉渠。万顷腴田凭灌溉，千家禾黍足耕锄。三春雪水桃花泛，二月和风柳眼舒。追忆前人疏凿后，于今利泽福吾居。

——［明］朱栴《汉渠春涨》

提起江南，你的脑海中会浮现出怎样的画面，又会选择用怎样的语言进行描述呢？或是清风徐徐、细雨蒙蒙、柳丝飘飘，如此这般的烟雨美景；或是青山绿水、碧波荡漾、风姿绰约，一派的勃勃生机；或是青石白墙灰瓦，小桥流水人家，此般古朴的古镇景象。也许你会联想到苏州的园林景观、杭州的西湖美景、南京的秦淮风光……但你或许不会将我国西北地区与江南美景结合在一起，更不会想到印象中如此干旱的地区竟然也会存在着江南景观。

果真如此吗？宁夏可能就是最好的回答。隋人郎茂在其所著《隋州郡图经》中首次将宁夏平原称为"塞北江南"，唐代诗人韦蟾也赞其曰："贺兰山下果园成，塞北江南旧有名。"

从气候和地理条件来看，宁夏平原属于干旱与半干旱气候的过渡地带，雨少风多，蒸发量大，却意外地形成了茫茫瀚海中的一片绿洲。这一切都要得益于黄河的孕育，贺兰山脉的庇护，古老的民族智慧与各族儿女的团结奋斗。在2000多年来的历史发展脉搏中不断开凿出的引黄古渠，形成了纵横交错、密如网织的古老灌区，不但控制住了水量巨大、水流湍急的黄河，抵御了黄河可能引发的自然灾害，同时利用黄河水域打造出了一个造福千秋万代的宁夏引黄灌溉系统，在西北干旱地区将北国风光与江南景色完美融合，使宁夏平原也能拥有江南的秀丽景色，成为名副其实的"塞北江南"。

"天下黄河富宁夏"，宁夏是一个让人心驰神往的地方。当你打开宁夏平原的地形图时，就会发现总面积

宁夏灌区中的汉渠（李云鹏/摄）

8000平方千米左右的宁夏平原，其中约6000平方千米都是黄河灌区，黄河灌区占宁夏平原面积的四分之三。将黄河之水引入到宁夏平原的，则是由一条条古渠连接而成的宁夏引黄灌溉系统。早在秦始皇统一六国后就派兵在宁夏平原戍边屯田，在汉武帝时期这里就已有引黄灌溉的明确记载。随着引黄灌溉的高速发展，宁夏平原稻麦面积迅速扩大，粮草充盈，士马强盛，水乡景色与边塞风光交相辉映，得到历代沿用，并传承至今。宁夏引黄灌溉系统在促进经济、社会发展的同时创造了独特的绿洲生态系统，为干旱半干旱地区的生态维护作出了贡献，还孕育了丰富深厚的灌溉历史文化，留给后人一笔宝贵的文化遗产。2017年10月，宁夏引黄古灌区被正式列入《世界灌溉工程遗产名录》，从而成为中国黄河流域主干道上的第一处世界灌溉工程遗产。

灌溉在我国农业文明发展的历史进程中占据了重要的地位，发挥了不可替代的作用。宁夏引黄灌溉也不例外，对宁夏的历史发展产生了重要的影响。在农业经济发展方面，引黄灌溉技术使宁夏自古就成为"天下粮仓"，形成的"一方之赋，尽出于屯，屯田之恒，藉以水利"的富饶景象正是历史上宁夏平原引黄灌区农业经济繁荣景象的写照。

历代对宁夏平原的水利开发，不仅造就了宁夏平原的"塞北江南"，也造就了宁夏平原丰富而独特的农田生态系统。昔日的荒凉之地成为膏腴绿洲，形成了宁夏平原独特的生态景观。随着人工水文网络、人工植被大幅度增加，发挥出的"湿地效应""绿洲效应"相应改善了区域小气候。灌区绿洲与贺兰山相辅相成，对于抑制大范围土地荒漠化，抵御沙漠化的入侵、沙尘暴施虐，保护黄河起到了生态屏障的作用。

宁夏引黄灌溉系统的持续发展还创造了辉煌的引黄灌溉文化，滋润了宁夏平原的农业文明，孕育了丰富的黄河文化，同时也积累了丰富的治水、用水、管水经验，为世界范围内的灌溉系统作出了贡献。宁夏引黄灌溉系统在未来还将继续沿用，其内在的多种功能及文化价值也将随着时代的进步得以持续地发展。

水是耕作的保障，一季的收成，一年的期盼，一方的生态全系于此。依黄河而生，因黄河而兴，宁夏引黄灌溉系统对黄河水的利用不但孕育出丰富的物产、丰饶美好的沃土，为当地人民生产、生活提供支持与保障，还创造出人与自然和谐相处、共同发展的典范，为世人提供了宝贵的经验。在未来，宁夏平原"山水林田湖草沙"的交响，将通过引黄灌溉系统，为宁夏平原的可持续发展带来更大的想象空间。

（执笔人：宋雨新、孙业红）

> 海溢蒲类见陆沉，高昌城阙尚堪寻。林公泽惠坎儿
> 井，瓜果长春草木深。
>
> ——顾毓琇《坎儿井》

　　新疆地处祖国内陆，远离海洋，再加上重重山脉的阻挡，来自海洋的水汽难以到达，因而这里降水稀少。位于新疆中东部的吐鲁番盆地，四面群山环抱，年平均降水只有6毫米左右，但年平均蒸发量却达3600毫米。尽管降水稀少，但吐鲁番盆地北部的博格拉山和西部的喀拉乌成山有许多现代冰川，春季冰雪消融，水从山顶直泻而下；夏季因山高拦截了高空水汽，常形成山区地带大雨或暴雨。由于山地地面植被稀少，大多为裸露基岩，雨水在地表很快形成径流，向吐鲁番盆地中心输送。水源进入戈壁砾石带后，由于砾石透水性强，一些河流50%的水流入地下，有的甚至全部渗入地下，在盆地北部及两边缘形成一个巨大的潜水带。聪明的新疆人民巧妙地利用雪山与盆地的高差以及戈壁地质条件进行开掘，创造了坎儿井。

　　从空中鸟瞰广袤的吐鲁番大地，巍巍雪山环绕盆地四周，中间横亘着闻名遐迩的火焰山，艾丁湖犹如银光闪烁的月亮宝石镶嵌于盆地中央。在山与湖之间，在黄褐色的戈壁滩上，排列着一连串的土包，宛如珍珠串结的项链，又似一部交响乐的五线谱。这就是吐鲁番大地的音符——坎儿井，那清澈的生命之水，从古流到今，哺育了世世代代的火洲（吐鲁番的别称）人民。

坎儿井的历史源远流长，汉代在今陕西关中就有挖掘地下窨井技术的创造。汉通西域后，塞外乏水且沙土较松易崩，中原人就将"井渠法"取水方法传授给了当地人，后经各族人民的辛勤劳作，井渠法逐渐趋于完善，发展为适合新疆当地情况的坎儿井。吐鲁番现存的坎儿井多为清代以来陆续兴建的。据史料记载，由于清政府的倡导和屯垦措施的采用，坎儿井曾得到空前发展。清末因坚决禁烟而遭贬并充军新疆的爱国大臣林则徐在吐鲁番时，曾对坎儿井大为赞赏："诚不可思议之事！"

坎儿井是与万里长城、大运河齐名的我国古代三大工程之一，是伟大的地下水利灌溉工程。2006年，"坎儿井地下

新疆坎儿井（梁勇/摄）

水利工程"被国务院公布为全国重点文物保护单位,并被国家文物局列入《申报世界文化遗产预备名单》。2013年,新疆吐鲁番坎儿井农业系统被列为首批中国重要农业文化遗产。

坎儿井由竖井、地下暗渠、地面明渠、涝坝四个部分组成。它是一项利用北高南低的地势,不需动力而将地下水引出地表的地下水利工程。竖井主要作用为开挖暗渠、运送沙石及通风。从竖井、暗渠内运出的土,堆于竖井口四周,形成大小不等的土堆,防止雨水和洪水流入坎儿井内,保护了坎儿井的安全运行。竖井间距疏密不等,上游比下游间距长,一般间距为30~50米,靠近明渠处为10~20米。竖井最深处可达90米以上,从上游至下游由深变浅。暗渠(也就是地下河道)是主体,一般高1.7米,宽1.2米,长3~5千米。暗渠前部分为集水段,位于当地地下水位以下,主要作用是截引地下水;后部分为输水段,在地下水位以上。由于坎儿井暗渠坡度小于地面坡度,可以把地下水引出地表,同时不受季节、风沙影响,水蒸发量小,流量稳定,不仅适合人畜饮用,还可用于灌溉农田。一条坎儿井一般长3~8千米,最长的达10千米以上,年灌溉300亩,最好的年灌溉可达500亩。

坎儿井的清泉浇灌滋润吐鲁番大地,使火洲戈壁变成绿洲良田,生产出驰名中外的葡萄、瓜果和粮食、棉花、油料等。坎儿井不仅在古代和现代农业灌溉中发挥了重要作用,还成为当下著名的旅游景点。随着经济快速增长和人口急剧增长,当地对水资源的需求日益增大,造成坎儿井补给水量急剧衰减。目前,新疆有水的坎儿井只有300多条,并且仍在不断消失之中,成为亟须保护的农业文化遗产。

(执笔人:李港生、孙业红)

趋利避害的水利湿地

（李哲由/摄）

　　"盐"是人们的生活必需品，也是重要的工业原料。因"盐"而名的地方很多，盐城、盐田、海盐、盐山、盐源、盐津、盐边、盐池……这足以说明，自古以来"盐"在人们生活中的重要性。可能让很多人没有想到的是，生产"盐"的地方，还是一类农业湿地。

因盐业而兴的盐田湿地

人地和谐——农业湿地

日晒鼻祖，朝水夕钱
——海南儋州洋浦盐田

> 白头灶户低草房，六月煎盐烈火旁。走出门前炎日里，偷闲一刻是乘凉。
>
> ——［清］吴嘉纪《煎盐绝句》

在距今2600万年到8000年间，处在地质活动带上的海南岛和雷州半岛，发生了活跃的地质运动，在无数次的断裂和沉陷过程中，不仅形成了琼州海峡，还拉薄了海南岛北部的地壳，造成海南岛北部火山频繁喷发，给海南岛北部留下了100多处火山遗址，儋州正坐落在死火山的遗址上。

儋州内的火山喷发形成了大量岩浆，在最初的高速流动过程中形成了"龙门激浪"等陡峭奇景，行至洋浦湾时，岩浆已经变得稀疏且缓慢，在洋浦的海滩上留下了星罗棋布、高低错落的玄武岩火山石。这些玄武岩火山石硬度强、耐腐蚀，不惧风吹浪打，以最初的姿态伫立在海滩上，默默无闻地度过了漫长的岁月。直到6000余年后，一批智慧的盐工来到这里，发现了这些坚固的玄武岩和温柔海浪之间的奇妙碰撞，对其加以人工雕砌，孕育出了中国最早的日晒制盐技术，这些玄武岩自此大放异彩。

相传，唐末年间，盐工谭正德在福建莆田看见了一片海市蜃楼，那里有神奇的石景和广阔的盐田。于是，谭正德带领家族兄弟开启了一场浪漫的探险，他们从莆田南下西进，再南下再西进，直抵雷州半岛后再往南渡过琼州海峡，在海南岛西线海岸发现了同海市蜃楼十分相似的洋浦半岛。上岛后，谭家兄弟发现浅滩上分散着高高低低的黑色坚硬岩石。这些岩石在涨潮时被淹没，在退潮时出露水面，烈日灼晒后石面上会析出大量白灰色的盐巴。而在此前，中国沿海地区通用的制盐方法还是烧煮海水，谭氏兄弟们也不外乎如此。

在谭正德的带领下，谭氏一族开始改"煮盐"为"晒盐"，告别猛火长燃，改用太阳能来蒸发水分，既省人力又省燃料，有效提升了制盐的经济效益和生态效益。直到6个多世纪后的明代永乐年间，日晒制盐在全国的沿海地区推广开来。为了褒奖开创日晒制盐的谭氏家族，清代乾隆皇帝曾御书"正德"赐给盐田村，因此，在新中国成立前的很长一段时间内，盐田村一直叫正德村。

经过世代传承与发展，如今的洋浦制盐技艺已入选《第二批国家级非物质文化遗产名录》，具体可概括为"蓄海水，晒盐泥，水浇浸，草过滤，石槽晒，收成盐"。儋州的土壤是火山灰铺盖的褐黑色土壤，熔岩流经的海岸则是由石英砂和火山石风化沙构成，这种泥沙可以在涨潮时大量吸收盐分，并易在退潮时晒干。制盐时，盐工需在大潮来临前（即农历每月的初一和十五），将盐田中的泥沙用钉耙挖得松软细碎，以便在退潮后获得含盐浓度高的泥巴。之后，盐工再将自然晒干的盐泥搬运到盐池之上，用

海南儋州洋浦盐田（贾培宏/摄）

海水进行浇浸，随后分批将泥沙移至茅草箅子上过滤，盐泥中的盐分随着海水流入下方储卤槽，泥沙则作为滤渣被留在茅草箅子上方。

此后，盐工还需静候储卤槽中水分蒸发，以提升卤水浓度，直至黄鱼茨（盐田边的一种树木的枝干）可以漂浮在卤水面上时，才可将卤水移至盐槽进行晒盐。盐槽是晒盐的最关键工具，是谭正德发明的核心技术，被盐田村村民视为传家宝。谭正德将海滩上原始的玄武岩火山石进行了加工，将火山石上方削平、打磨成光滑的砚台状石槽，石槽的深度以一天内可以晒干槽中卤水为宜。每年的3至8月份是晒盐的好时节，在洋浦炽烈日光的照射下，早上倒入盐槽的卤水，下午4点左右就变成了可收取的食盐，天气好时一天还可进行两次盐卤的晾晒，当地故有"洋浦盐田，朝水夕钱"的说法。

盐田村出产的海盐味鲜，盐焗虾、盐焗鸡、盐焗蛋等味道上乘，收取后储藏3年以上的老盐还有清热去火的药用功效。洋浦海滩上的盐田约750亩，盐槽多达7300余个。在历史上，洋浦盐田的产量在清朝中叶达到鼎盛，一年可产20万斤[①]，远销广东地区。但近年来，由于工业技术的发展和盐田村年轻劳动力的流失，盐田村手工制盐产业的产量和销量都急剧下降，制盐技术的传承人屈指可数，不禁令人担忧洋浦手工盐业的前路将去往何方。

（执笔人：张碧天）

因盐业而兴的盐田湿地

---

① 1斤=0.5千克。

淮东沉浮，盐土飞歌
——江苏盐城

> 白头灶户低草房，六月煎盐烈火旁。走出门前炎日
> 里，偷闲一刻是乘凉。
>
> ——［清］吴嘉纪《煎盐绝句》

在中华五千年的历史中，勤劳的华夏先民最早将火用于对海洋的开发之中，揭开了"煮海为盐"的历史序幕，在不断地探索与改良中，谱写了一曲"晒海为盐"的历史新章。在海盐产业的兴盛下，最先获利的正是东部沿海靠海而生的滨海小城，得天独厚的自然条件让诸多默默无闻的渔村变成了四海闻名的富庶城市。盐城，正像它的名字那样，自建城伊始就深深打上了海盐的烙印，乘着海盐发展的东风，崛起为繁荣百年的东部盐仓。

曾几何时，在盐城市范公堤以东的广袤滩涂之上，盐碱贫瘠，海潮侵袭，赤地千里，人们仍旧过着捕鱼采虾、铡割芦苇荡草的原始生活。到了战国时期，这里的先民逐渐学会了"煮海为盐"，即用海水直接煎煮成盐。西汉时期，汉武帝采取了"募民煮盐"的政策，招募民众到沿海参与盐业生产，这里的盐业开始初具规模。到了唐朝时期，盐城智慧的先民们学会了"煎煮法"来制盐，不仅降低了制盐所需的燃料成本，同时大大提高了规模制盐的效率，这里的盐业生产也迎来鼎盛时期。

北宋天圣元年（公元1023年），西溪盐官范仲淹主持修建"捍海堰"，形成了在盐城沿海地区绵延400千米的海堤，这一沿海地带此后多年再未出现潮灾，世人为了感激范仲淹的伟业，将这一海堤敬称为"范公堤"。正是由于范公堤的修筑，大堤以内大片盐碱地得到改善，沿海滩涂的垦殖业开始兴起。勤劳的盐城人民开创了诸多方法加速土壤脱盐：开沟排水淋盐、铺草压盐、冻耕春耖抑盐、种植绿肥……这些举措极大地促进了盐碱地的改良，不仅为盐土农业的发展提供了有利条件，也为沿海滩涂人工湿地的形成奠定了基础。

随着沿海滩涂围垦的开发，大片滨海盐碱地逐渐发展成为良田。陆地与海洋相拥，淡水与海水相连，这些滨海人工湿地成了连接陆地生态系统和海洋生态系统之间的过渡带，也成了自然和人类相互作用最为活跃的地区之一。海岸自然淤涨的成陆过程，形成了从东至西的海域—潮间带—围垦地—农田依次分布的景观格局。潮间带植被主要由高20厘米左右的碱蓬和1.5米左右的米草组成。碱蓬在当地被叫作黄须菜，一般生长在近海滩涂，因为它耐涝、耐碱，刚好适应盐碱化的土壤特征，从而也让土壤盐碱化得以改善。因为碱蓬开红花、结红果，通体红色，每到夏秋时节，红彤彤的黄须菜给广袤大地披上了艳丽的红装，极目远望，像火海、似朝霞，分外迷人。米草随海风飞舞，由绿到黄的季节变化让潮汐潮涨的滩涂变化莫测，犹如犹抱琵琶半遮面的仙女，惹人倾心。

这些滩涂不仅为农业增产提供了生产空间，同时也为各类野生动物提供了食物来源和生存空间，造就了盐城丰富的生物多样性。丹顶鹤在这里安家，麋鹿在这里落户；每年春秋之际，有超过300万只鸻鹬类水鸟在这里迁飞歇息；每逢隆冬，更是有千万只各类水禽在这里越冬。在禾草滩上，在碱蓬滩边，这里的自然湿地与人工湿地交错相织，为各类物种提供庇护与栖息，构成了沿海湿地一幅动人的生物多样性画卷。

　　在盐城悠悠千年的历史进程中，这里完全没有江南水乡古镇的安宁温婉，反而炊烟四起、车水马龙，到处是白茫茫的晒盐场和云雾缭绕的灶房，络绎不绝的运盐船靠岸

盐城滩涂风光（王博杰/摄）

和离港，千万吨雪白的海盐在这里装箱起航，运往四海八方。一道捍海堤承载着盐城人关于盐的深厚记忆，面对汹涌澎湃的大海和广袤无垠的滩涂，勤劳的盐城先民用双手开创出海盐和盐土农业的辉煌篇章。盐城，作为全国唯一以"盐"为名的地级市，是一本贯穿了千年海盐发展的史书，是一颗由海盐文化凝结发展而成的海畔宝石。

（执笔人：王博杰、闵庆文）

因盐业而兴的
盐田湿地

七彩盐湖，河东胜景
——山西运城盐湖

唐代曾封灵庆公，盐池古海用途宏。阳光充炭成银岛，硫钠提纯化尼龙。非有神祖作主宰，乃缘人力代天工。禁城谁禁城犹在，忆苦兼堪御北风。

——郭沫若《盐池》

　　说起死海，想必大家都不陌生。位于西亚的死海是全球海拔最低的湖泊，这里的湖水有着高达23%~30%的盐度，盐度达到一般海水的10倍左右，甚至连海水鱼都难以在这里生存。正是由于湖水的高盐度，游泳者极易浮于水面，因此死海也成为著名的旅游地之一。而在我国的山西省，也有着一个被称为"中国死海"的地方，它就是运城盐湖。

　　运城盐湖，也被称作"河东盐池""运城盐池""银湖"，与美国犹他州奥格丁盐湖和俄罗斯西伯利亚库楚克盐湖并称为世界三大硫酸钠型内陆盐湖。在喜马拉雅造山运动时期，中条山北麓的地壳变化形成断裂带，并逐渐转化为一条狭长的凹陷地带，这就是运城盆地及盐湖的雏形。由于这里的地形为闭流自流水盆地，四周的水系均向

运城盐湖景观（李哲由/摄）

湖心汇流，在流动途中逐渐吸收溶解地层中的盐分。可是，运城没有西亚地区高温干燥的气候条件，为什么会形成盐湖呢？这是因为运城盐湖位于中条山的脚下，大气环流受中条山的影响后发生转向，造成风速在这里加快，所形成的强风极大增强了湖水的蒸发水平，而这里的年平均降水量仅有蒸发量的四分之一左右，随着盐分的不断累积和水分的蒸发，最终发展形成现在的运城盐湖。

运城因盐而兴，被称为"盐运之城"，所以"运城"也因此成名。运城盐湖历史悠久，最早可追溯到4500多年以前，在这130多平方千米的湖面上，田畦如织，烟波浩荡，夏产银盐，冬出芒硝，美不胜收。华夏文明发源于黄河流域，运城盐湖的存在就是其中的一个重要因素。早在商代，这里就建造了可以储存12000多吨的盐仓用于向周边地区供应食盐。到了隋末唐初，盐湖地区的制盐工艺已经相对成熟，形成了"集卤蒸发—调配—储卤—结晶—铲出"的五步产盐法。而到了宋代，在五步产盐法的基础上形成了垦畦浇晒法："垦地为畦，引池水沃之，谓之种盐，水耗则盐成。"这种方法相对于五步产盐法极大地提升了产盐效率，一直沿用到民国时期。而到了新中国成立后，由于人们对食盐品质需求的增强以及食盐经济效益的下降，这里的盐业生产逐渐停止，并全面转向以芒硝为代表的化工生产，运城盐湖也迎来了它的第二春。

在大家的认知中，能被称为"死海"的地方往往都是不毛之地，但被称为"中国死海"的运城盐湖却是生物多样性十分丰富的地区。运城盐湖的湖水中明明没有鱼，周围地区的植被也十分稀疏，为何生物多样性十分丰富呢？这是因为湖水中生长着一种名为"卤虫"的生物。卤虫是一种浮游生物，以50微米以下的细菌、有机碎屑和盐藻为生。盐湖的环境十分适宜卤虫的生长，而大量的卤虫为各类鸟类提供了丰富的氨基酸、蛋白质、脂肪和微量元素等营养物质，是各类鸟类的重要食物来源。据统计，在这里的鸟类多达200多种，包括火烈鸟、白鹭、白天鹅、红腹锦鸡等保护动物。每年冬季，多达数万只以上的过冬候鸟都会迁徙到这里，尽情地享受着属于它们的饕餮盛宴。

"运城非盐池不立，盐池非运治莫统也"，在《河东盐法备览》中的这句话，准确地描述了运城和盐湖的关系。因盐而立，因盐而兴，一池盐湖，塑造了"盐运之城"的形象，也书写了运城的历史。

（执笔人：王博杰、闵庆文）

荒漠明珠，候鸟乐园
——宁夏盐池

筑地作盐池，池光朝滟滟。不闻烟火声，天地自烹炼。微风从南来，雪花积璀璨。

——［清］戴宽《盐池》

宁夏盐池县，因在县域内曾有着诸多天然盐湖而得此名，这座悠悠小城也被描述为"原野阔、五谷香、遍地甘草和滩羊"的塞上明珠。不了解盐池历史的人对它的印象大多仅停留在"盐池滩羊"这一地域优质农产品上，实际上盐池远不止于一只小小的滩羊，这里也曾因盐业生产而远近闻名。

秦始皇兼并六国后，将盐池所在的地区命名为"昫衍"，用以指代盐池地区日照强烈，在阳光的炙晒下，盐池所析出的白盐一直延伸到远方尽头的壮观景象。由于地理位置特殊，盐池所处的地区成为中原地区前往西北匈奴领地的必经之路。自西汉时起，盐池就成了中原王朝和匈奴、羌族的"关市"（即过去的贸易集散地），因此也被誉为"宁夏第一城"。到了唐代，盐池地区的盐业生产转变为官营，盐湖周围31里均由朝廷接管，并设置温池榷税

因盐业而兴的
盐田湿地

193

使组织大规模开采。盐池地区的湖盐均为天然凝结形成，质量上乘，人工捞取即可食用，因此，这里的食盐也成为宁夏地区最为重要的商贸物资之一，寒暑易节，这里的盐运周而复始，车水马龙，盐商络绎不绝。

盐池为当地所带来的不仅仅是盐田，更为这里的动植物提供了生存生活的空间，尽管盐池位于农牧交错区的荒漠草原地带，但这里也不乏丰富的生物多样性，在一片荒漠中形成了独特的湿地生态系统。盐池地区的人工湿地宛如点点繁星一般散落在山光水色之间，大大小小的湖泊不仅为各种鸟类提供了丰富的饵料，也为他们的迁徙提供了天然的栖息场所。盐池不仅是我国候鸟西线迁徙的重要通道，更是他们的主要栖息地之一。在这里不仅发现了被列入《世界自然保护联盟濒危物种红色目录》的遗鸥，同样

宁夏盐池（盐池县农业农村局/供）

还有着卷羽鹈鹕、苍鹭、斑头雁、白琵鹭、红嘴鸥等保护物种，每年到了候鸟的迁徙季节，都会有成千上万只迁徙候鸟在这里的盐湖"歇息补给"。此外，这里还有着诸多湿地植物、珍稀鱼类、两栖和爬行动物等，是区域内野生动植物的主要繁殖地。"湖光山色，鹳鹤境飞，鱼翔浅底"，沙、水、生物在这里融为一体。盐池就好似一块"荒漠碧玉"，湿地生态和自然生物物种景观在这里交相呼应，绘出一幅人与自然和谐共生的美丽画卷。

在荒漠草原之上，盐池成为毛乌素沙地南端的一片绿洲，形成了一道绿色屏障，为这里带来了勃勃生机。今天，在盐池这片荒漠明珠的热土之上，这里勤劳勇敢的盐池居民也正在用他们的方式展现着荒漠绿洲的精神风貌。盐池，这片昔日的塞北古郡正以它的方式续写着历史，散发着属于它的独特生机。

（执笔人：王博杰、闵庆文）

一半桃花，一半雪叶
——西藏芒康盐井

卤中草木白，青者官盐烟。官作既有程，煮盐烟在川。汲井岁榾榾，出车日连连。

——［唐］杜甫《盐井》

古语有云：开门七件事，柴米油盐酱醋茶。盐，作为日常烹调中最常见的调料已成为人们生活中的必需品。正如东汉文学家许慎在《说文解字》中所言："天生者称卤，煮成者为盐"，追溯人类制盐的历史，在沿海地区通过蒸煮获得盐的方式并不鲜见。但有这么一个地方，通过太阳暴晒和自然风干方式的古老制盐工艺传承千年，保留至今，它就是西藏芒康县的盐井古盐田。

作为我国目前手工晒盐工艺保留最完整的地方，位于云南和西藏交界处的德钦和芒康之间的盐井镇，因其千年古盐田而成为茶马古道上的一颗耀眼的明珠。"盐井"并非是一口井，而是因为其盛产食盐而得名，藏语"察卡洛"（汉语中的盐井）一词可帮助我们更好地理解这一点："察卡洛"中的"察"就是盐的意思。对生活在澜沧江两岸的藏民而言，盐与酥油、糌粑和茶都是生活中的必需

西藏芒康盐井（石金莲/摄）

品。相传早在西藏吐蕃王朝之前，这里就已经存在盐田
了，格萨尔王和纳西王羌巴正是为争夺盐井而在这里发生
了交战，史称"羌岭之战"。作为茶马古道的必经之路，
这里也成为过去藏汉政治、经济、文化交流的中心之一。
作为"以物易物"的"自由市场"，盐井的物资交易一直
从唐代持续到民国时期，在这其中，盐正是当地获取外部
物资的重要交换商品。

  盐井的古盐田位于澜沧江沿岸的两侧，在这里的村
内，家家户户都有着属于自己的盐田。这些盐田均是通过

人工使用木材和土壤所建造，在其上方用木桩进行支撑。这些小平台在澜沧江两岸层层叠叠，犹如饱经风霜的吊脚楼，诉说着它们悠长的历史。不同于沿海的海盐或是内陆的湖盐，由于地质、土壤等特殊的条件差异，这里生产的盐以澜沧江为界，东西两岸有着很大的差异：澜沧江西的曲孜卡和加达所生产的盐为"红盐"，俗称"桃花盐"，这种盐的产量较高，但并不适宜食用，更适合于沐浴、泡脚、按摩等，因此价格较为低廉；澜沧江东的纳西、上盐井盐田所出产的为白盐，这里的晒盐地块海拔较高，由于面积较小，产量较低，且适宜人类食用，因此更为珍贵。

正是由于芒康特殊的地形、地貌，形成了这里极为独特的生态系统，进而造成气候、土壤和森林植被在这里的多样性，也为各种野生动植物的生长生活提供了空间。山高谷深的自然环境使得区域内森林植被保存完整，这里的森林覆盖率能够达到80%以上，不同海拔存在着多类珍稀林木，包括云南红豆杉、云杉、冷杉、高山松、高山柳等。密布的森林也为野生动物的栖息提供了场所，在这里，不仅有着同大熊猫一样稀有珍贵的滇金丝猴，还有着雪豹、云豹、绿尾虹雉、斑尾榛鸡、小熊猫、秃鹰等保护动物。独特的自然环境使芒康真正成为中国高原林区生物多样性的基因宝库。

芒康盐田，亦被称为"大自然雕刻的作品"。从高空俯瞰，在澜沧江两岸近500米宽的狭长地带，上千块盐田绵延分布络绎不绝，蔚为壮观，盐田闪烁着银色的光辉，和两岸漫山遍野的山花野树交相呼应，澜沧江水在下方咆哮而过，美不胜收。在这里，游客不仅能观赏到传承千年的手工制盐全过程，更能感受到勤劳好客的盐民以及他们淳朴的盐俗风情。世居在这里的纳西族百姓身着藏服，信奉藏教，用他们的方式延续着古老的纳西文化。芒康的盐井古盐田，在惊涛骇浪之上，岁月变迁之中，用它独有的方式诉说着独属于它的历史。

（执笔人：王博杰、闵庆文）

因盐业而兴的

盐田湿地

（闵庆文/摄）

中国自然保护地分为三类，即国家公园、自然保护区、自然公园。许多农业湿地已经被纳入不同类型的自然保护地中，当地居民在长期的生产生活中，融生态文化、民族文化和农耕文化为一体，创造了人地和谐的农业湿地，有些农业湿地成为重要的自然遗产、文化遗产和农业文化遗产。生态保护、文化传承与经济发展"三效协同"，应成为农业湿地的未来发展之路。

"三效协同"的发展之路

生态为基

湿地与海洋和森林并称为地球三大生态系统，对于维持地球的生态平衡、保障人类的生存与繁衍都有举足轻重的作用。

农业湿地同样具有废弃物处理功能。有研究发现，某些农业湿地可以使硝酸盐的浓度降低80%以上。农业湿地还可以通过吸收和释放生物圈中大部分的固定碳，调节全球的气候变化。有许多研究已经证实，稻鱼共生系统可以减少温室气体——甲烷的排放，从而有助于全球碳减排。同时，水稻在生长过程中维持着稻田湿地水体的养分平衡，大量的营养元素被水稻吸收，避免了水体富营养化，抑制藻类及其他水生植物过量生长，对生态系统的稳定起到维持作用。农业湿地的其他生态系统服务还包括调节水文、保持土壤、防洪，以及为授粉者提供栖息地等。

农业湿地的水循环、养分循环、生物栖息地与生物多样性保护功能显著。例如，在稻鱼共生系统中，通过"鱼吃昆虫和杂草—鱼粪肥田"的方式，使自身维持正常的循环，保证了农业湿地的生态平衡。

农业湿地发展应坚持"生态筑基"的原则，注重农业湿地的生物多样性保护，包括基因多样性、物种多样性、生态系统多样性与景观多样性等不同层次；注重生态系统结构的合理，以确保服务功能的持续发挥；注重农业生产过程中的生态文化的传承与生态技术的利用，以确保农业湿地生态系统的可持续发展。

文化为魂

生态系统文化服务功能是人们从精神享受、娱乐、教

云和梯田国家湿地公园（闵庆文/摄）

育和审美中获取的收益，如文化多样性、精神和宗教、休闲旅游、美学、灵感、教育、文化遗产等，这在农业湿地中表现得更为显著。许多农业湿地景色优美，具有极高的美学价值，吸引了众多游客前去游玩打卡。例如，红河哈尼梯田入选《世界遗产名录》，具有丰厚的文化服务价值，无数人被其壮丽的田园景观与丰富的民族文化所折服。

农业湿地也是人类灵感的源泉，唐代诗人韦庄就曾写过一首七言绝句《稻田》"绿波春浪满前陂，极目连云䄷稏肥。更被鹭鹚千点雪，破烟来入画屏飞"，描述了满坡的稻禾长势喜人，苗肥棵壮，在春风的吹拂下，层层梯田绿浪翻滚，直接云天。在这绿色"海洋"的上空，数不尽的白鹭自由翱翔，宛如飞入一幅天然的彩色画屏的优美乡村之景，更说明了农业湿地的美学价值。

农业湿地的发展应坚持"文化铸魂"的原则，注重生态文化的挖掘、保护、传承和利用，让人地和谐、天人合一的生态理念成为农业生产约束项；注重民族文化的挖掘、保护、传承和利用，发挥民族文化在乡村治理中的特殊作用；注重农耕文化的发掘、保护、传承和利用，正如习近平总书记所强调的那样，"农耕文化是我国农业的宝贵财富，是中华文化的重要组成部分，不仅不能丢，而且要不断发扬光大。"

经济为本

从某种意义上说，农业湿地是因农业生产活动而形成的，提供直接的农产品是农业湿地不可或缺的重要功能。农业湿地也因此成为重要的农业生物基因库，为发展特色农业提供了资源基础。

农业湿地的发展应坚持"产业赋能"的原则，一方面要利用丰富的农业生物多样性资源和良好的生态环境发展优质特色农产品生产，从而促进生态产品的价值实现和生产效益的提升；另一方面要注重基于良好生态环境和浓郁农耕文化拓展湿地农业的功能，通过发展休闲、观光、研学、康养、文创等产业实现农业湿地的生态与文化价值转化。研究和实践均表明，高效、生态的农业发展，对于生物多样性保护等农业湿地生态服务功能的维持和生态与农耕文化的传承也具有重要作用。正如习近平总书记所强调

江苏兴化里下河国家湿地公园（闵庆文/摄）

的那样："如果连种地的人都没有了，靠谁来传承农耕文化？我听说，在云南哈尼稻田所在地，农村会唱《哈尼四季生产调》等古歌、会跳乐作舞的人越来越少。不能名为搞现代化，就把老祖宗的好东西弄丢了！"

除了农业湿地以外，其他自然湿地的生产功能也不应忽视。虽然《中华人民共和国湿地保护法》明确重点保护的湿地并不包括"水田以及用于养殖的人工的水域和滩涂"，但并没有忽视湿地的合理利用。第二十六条规定"地方各级人民政府对省级重要湿地和一般湿地利用活动进行分类指导，鼓励单位和个人开展符合湿地保护要求的生态旅游、生态农业、生态教育、自然体验等活动，适度控制种植养殖等湿地利用规模。"但需要指出的是，这样的生产活动应当以生态保护为基础。《中华人民共和国湿地保护法》第二十五条规定，"在湿地范围内从事旅游、种植、畜牧、水产养殖、航运等利用活动，应当避免改变湿地的自然状况，并采取措施减轻对湿地生态功能的不利影响。"第二十八条规定，禁止"过度放牧或者滥采野生植物，过度捕捞或者灭绝式捕捞，过度施肥、投药、投放饵料等污染湿地的种植养殖行为。"

（执笔人：闵庆文）

蔡祖聪. 客观评价水稻生产在全球气候变化中的作用 [EB/OL].
　　https://www.cas.cn/zt/sszt/gbhg/200912/t20091216_2709721.shtml.,
　　（2009-12-16），[2022-06-25].

冯智明, 梯田观光、稻作农耕与民族文化的互利共生——基于龙脊
　　梯田"四态均衡"模式的考察 [J]. 湖北民族大学学报(哲学社会科
　　学版), 2020, 38(04): 96-103.

胡云. 都江堰——生态水利工程的光辉典范 [J]. 中国水利, 2020(03):
　　5-9.

吉成名. 涿鹿之战与运城盐池关系辨析 [J]. 盐业史研究, 2022(02):
　　72-80.

姜流洋. 响水稻田 [J]. 中学地理教学参考, 2014(12): 58.

金勇, 程骅, 方晓波. 基于自然的解决方案: 内陆湖泊生态保护淳安模
　　式 [J]. 浙江国土资源, 2022(04): 20-22.

赖作莲. 珠江三角洲基塘农业研究 [D]. 陕西杨凌: 西北农林科技大
　　学, 2001.

李晟, 杨正勇, 杨怀宇, 等. 养殖池塘小气候调节生态服务价值的实
　　证研究 [J]. 长江流域资源与环境, 2010, 19(4): 432-437.

李桂元, 刘思妍, 罗利顺. 紫鹊界古梯田原生态自流灌溉机理研究
　　[J]. 人民长江, 2016, 47(24): 26-31.

李霜琪. 论都江堰是天府文化之源 [J]. 文史杂志, 2021(05): 83-88.

缪建群, 王志强, 杨文亭, 等. 崇义客家梯田生态系统发展现状、存
　　在的问题及对策 [J]. 生态科学, 2018, 37(4): 218-224.

谭徐明. 中国灌溉与防洪史 [M]. 北京: 水利水电出版社, 2005.

涂建华. 都江堰工程的历史价值及现代启示——从其对成都平原农
　　业的影响说起 [J]. 文史杂志, 2022(02): 4-7.

王滨. 响水大米: 长在石板上的稻米传奇 [J]. 黑龙江粮食, 2015(4):
　　44-46.

夏甜, 郭巍, 文斌. 洞庭湖区堤垸景观研究 [J]. 中国园林, 2020,

36(10): 86-91.

肖清铁,朱胜男,郑新宇,等.尤溪联合梯田生态系统服务价值分析[J].亚热带农业研究,2019,15(02): 73-79.

徐高福.淳安县生物多样性保护策略研究[J].林业调查规划,2012,37(06): 33-37.

徐鹏.古梯田类湿地公园建设必要性与对策探讨——以浙江云和梯田国家湿地公园为例[J].绿色科技,2016, (8): 5-6.

杨怀宇,李晟,杨正勇.养殖管理措施对池塘养殖生态系统服务的影响[J].江苏农业科学,2012,40(1): 199-202.

叶延琼,刘邵权,陈国阶.都江堰市生物多样性保护现状、问题及对策[J].国土与自然资源研究,2005(03): 79-80.

张尚明玉,何兴成,王燕,等.都江堰地区繁殖期鸟类多样性[J].生物多样性,2022,30(03): 90-98.

赵振平.响水大米:长在石板上的大米[J].农产品市场周刊,2021(14): 24-27.

中华人民共和国国家质量监督检验检疫总局、中国国家标准化管理委员会.GB/T24708-2009湿地分类[S].北京:中国标准出版社,2009.

周文君.宁夏引黄古灌区的历史与文化价值[J].民族艺林,2018(03): 51-55.

周逸斌.桑基鱼塘的生态系统服务功能与价值评估——以湖州南浔桑基鱼塘为例[D].杭州:浙江大学,2017.

朱立琴,王黄莫楠,郑大俊.芍陂水利工程保护与发展的战略思考[J].水利经济,2019,37(01): 73-82.

Abstract

Wetlands, known as "the kidney of the earth", are the important natural resources and ecosystems. Generally speaking, wetlands include natural wetlands and artificial wetlands. Agricultural wetlands belong to artificial wetlands. However, many people often ignore the important ecological and cultural services of agricultural wetlands just because of their huge economic function.

The book, *Harmony between Human Beings and Nature: Agricultural Wetlands*, focusing on typical cases, tries to interpret the scientific connotation, conservation value and sustainable development path of agricultural wetlands with flexible and vivid language and photos. It is hoped that, through the book, readers could realize the economic, social, cultural, ecological, scientific and technological values of agricultural wetlands and, furthermore, realize that agricultural wetlands are not only related to the survival and development of human beings but also embodies the wisdom of human beings to adapt to and transform the nature. The book consists of nine chapters which can be divided into three parts.

The first part is the *Primary Recognition of Agricultural Wetlands*. In the chapter of *Easily Overlooked Agricultural Wetlands*, the concept, formation and multiple identities of agricultural wetlands were introduced. In the chapter of *Diversified Agricultural Wetlands*, the main characteristics of paddy field wetlands, reservoir wetlands, aquacultural farm wetlands, ditch wetlands and salt field wetlands were briefly illustrated. In the chapter of *Multi-functional Agricultural Wetlands*, some ecosystem services including product supply, hydrological regulation, climate regulation, biodiversity conservation and cultural inheritance of agricultural wetlands are explained respectively.

The second part is the *Deep Understanding of Agricultural Wetlands*. In the chapter of *Multi-beneficial Rice Paddy Wetlands*, some typical rice paddy wetlands located in different regions in China were described which include the Yangxian County rice paddy with crested ibis in Shaanxi, Wannian rice paddy in Jiangxi, Jingxi rice paddy in Beijing, Xiangshui rice paddy in Heilongjiang, Long'an rice paddy in Guangxi, and Pantiange rice paddy in Yunnan. In the chapter of *Symbiotic Rice-Fishery Wetlands*, Qingtian Rice-fish Culture System in Zhejiang, Congjiang Dong's Rice-fish-duck Complex System in Guizhou, Mountainous Rice-fish Complex System in Northwestern Guangxi, Qianjiang Rice-crayfish Complex System in Hubei, Panjin Rice-crab Complex System in Liaoning, and Qingpu Rice-frog Complex System in Shanghai are delineated. In the chapter of *World-renowned Rice-terraced Wetlands*, the cases are very dramatic because all of them were listed as World Heritage List and/ or Globally Important Agricultural Heritage Systems List and/or Heritage Irrigation Structures List, such as Honghe Hani Rice Terraces in Yunnan, Xinhua Ziquejie Rice Terraces in Hunan, Chongyi Hakka Rice Terraces in Jiangxi, Longsheng Longji Rice Terraces in Guangxi, and Youxi Lianhe Rice Terraces in Fujian. In the chapter of *Adapted-to-Nature Weitian Wetlands*, Huzhou Mulberry Dyke-Fish Pond System in Zhejiang, Dyke-pond Agricultural System in the Pearl River Delta, XingHua *Duotian* Agricultural System in Jiangsu, Qidong Sandy *Weitian* Agricultural System in Jiangsu, Polder Agricultural System in Dongting Lake Area of Hunan, and Deqing Fish-Clam

Complex System in Zhejiang were provided. In the chapter of *Water Conservancy Wetlands of Seeking-Advantages-and-Avoiding-Disadvantages*, some outstanding water conservancy projects were illustrated which include Shouxian Anfengtang in Anhui, Dujiangyan in Sichuan, Qiandao Lake in Zhejiang, Three Gorges Reservoir, Qapqal Buha in Xinjiang, Yellow River Irrigation System in Ningxia, and Turpan Karez in Xinjiang. In the chapter of *Salt-inspired Salt-field Wetlands*, different types of salt-field wetlands such as Danzhou Yangpu Salt-field in Hainan, Yancheng (Salt City) Salt-field in Jiangsu, Yuncheng Salt Lake in Shanxi, Yanchi (Salt Pool) Salt-field in Ningxia, and Mangkang Yanjing (Salt well) in Tibet are depicted.

The third part is the *Sustainable Development of Agricultural Wetland*. In the chapter of the *Developmental Strategies oriented to Three-benefits- synergistic of Agricultural Wetland*, the idea of "three-synergy" of eco-environment laying foundation, culture casting soul and industry empowering development is put forward.